DEUTSCHE
DEMOKRATISCHE
REPUBLIK
DEUTSCHE AKADEMIE
DER
LANDWIRTSCHAFTS-
WISSENSCHAFTEN
ZU BERLIN

SITZUNGSBERICHTE

1970 · Band XIX · Heft 1

H. KALTOFEN, E. VETTERLEIN,
K. UNGER, P. KUNDLER

Problematik der Modellierung der Ertragsbildung

AKADEMIE-VERLAG · BERLIN · 1971

Gehalten vor den Kommissionen
„Bodenfruchtbarkeit“ und „Pflanzenproduktion“
der Deutschen Akademie der Landwirtschaftswissenschaften zu Berlin
am 27. November 1969

Zur Aufklärung und Quantifizierung komplizierter endogener und exogener Prozesse der pflanzlichen Stoffproduktion und Ertragsbildung ist die Modellforschung unerläßlich. Die Vielschichtigkeit und Kompliziertheit dieser Problematik erfordert das planmäßige Zusammenwirken von Forschern auf den Gebieten Bodenfruchtbarkeit und Pflanzenproduktion mit Spezialisten der Kybernetik, Operationsforschung und elektronischen Datenverarbeitung. Anliegen dieser Beratung war daher eine erste Verständigung über die Grundfragen sowie über die effektiven Wege der arbeitsteiligen Lösung gemeinsamer Probleme bei der Erforschung und schrittweisen Optimierung des Systems „Umwelt/Pflanze“, ohne daß in den nachstehend veröffentlichten Vorträgen schon in allen Fällen von einheitlichen Vorstellungen ausgegangen wurde.

Herausgeber: Deutsche Demokratische Republik
Deutsche Akademie der Landwirtschaftswissenschaften zu Berlin
Erschienen im Akademie-Verlag GmbH, 108 Berlin, Leipziger Straße 3—4

Lizenznummer: 202 · 100/448/70
Herstellung: IV/2/14 VEB Werkdruck, 445 Gräfenhainichen · 3469
Bestellnummer: 2141/19/1 · ES 22 D
EDV-Nr. 761 457 9
7.–

INHALT

Herbert Kaltofen

Probleme der Systemanalyse und Modellierung auf dem Gebiet der Ertragsbildung

„Sehet! sie, die Rechenkunst feierte in unsern Tagen den hohen Triumph einer richtigen Bestimmung des Orts, wo ein nie gesehener Planet seine Bahn beschreibt: das Fernrohr fand ihn an bezeichneter Stelle. ... So streben auch wir, mit Hülfe derselben Rechenkunst, in unserer kleinen Welt die Bahn unserer Systeme zu berechnen und das Moment ihres Ertrages zu bestimmen."

Carl von Wulffen
„Entwurf einer Methodik zur Berechnung der Feldsysteme"
Berlin 1847

Auf dem VII. Parteitag der SED und auf dem X. Deutschen Bauernkongreß wurde hervorgehoben, daß dem Boden, und damit der Pflanzenproduktion, auch in Zukunft besonderes Augenmerk gebührt. Daraus ergibt sich, daß die Ausarbeitung von Systemlösungen für die Pflanzenproduktion zu den wichtigsten Aufgaben der Agrarwissenschaft gehört.
Für die Hinwendung auf Systemlösungen gibt es objektive Gründe. Hier sei nur daran erinnert, daß die im Zuge der wissenschaftlich-technischen Revolution rasch anschwellende Informationsflut die allseitige, systematische Nutzung dieser Informationen zu einem immer größeren Problem werden läßt. Will man hier Abhilfe schaffen, muß die integrative Arbeit in der Forschung wesentlich verstärkt werden.
In diesem Zusammenhang fällt der Modellierung eine entscheidende Rolle zu (Unger, 1968). Die notwendige Verarbeitung, Verdichtung und theoretische Durchdringung der Vielzahl experimentell oder empirisch gewonnener Einzelinformationen führt geradezu zwangsläufig zur Modellbildung.
Andererseits gibt es jedoch keinerlei Zweifel daran, daß die experimentelle Erforschung von Einzelfragen auch weiterhin von großer Bedeutung sein wird. Denn bei der Aufstellung von Modellen ist man ja weitgehend auf die Ergebnisse experimenteller Untersuchungen angewiesen. Die experimentellen Einzeluntersuchungen sollten jedoch nach Möglichkeit so aufeinander abgestimmt werden, daß sich ihre Ergebnisse zu Systemlösungen zusammenfügen lassen. Im Hinblick auf dieses Ziel ist es oft angebracht,

die verschiedenartigsten experimentellen Untersuchungen an ein und demselben Objekt durchzuführen.
An die Analyse und Modellierung des Systems Boden—Pflanze—Klima kann man natürlich von ganz verschiedenen Seiten aus herangehen. So kann man den Boden oder die Pflanze oder das Mikroklima in den Mittelpunkt der Betrachtungen stellen. Man kann aber auch zwischen den kurzfristig, innerhalb eines Jahres, ablaufenden Vorgängen und dem langfristigen Geschehen unterscheiden.
Im folgenden wird an Hand einiger Beispiele sowohl auf die Ertragsbildung innerhalb eines Jahres als auch auf das langfristige Geschehen eingegangen, wobei neben pflanzenphysiologischen auch bodenkundliche, ackerbauliche und agrarmeteorologische Aspekte Berücksichtigung finden. Vollständigkeit wird dabei nicht angestrebt. Vielmehr soll an Hand der Beispiele nur demonstriert werden, wie man an die Entwicklung von Modellen herangehen kann. Allgemein wurden solche Beispiele ausgewählt, die wenigstens im Prinzip Möglichkeiten zu einer sinnvollen Steuerung der interessierenden Prozesse erkennen lassen.

1. Ernährung und Ertragsbildung innerhalb eines Jahres

Analysiert man die bisherige Entwicklung, so erkennt man, daß man sich auf dem Gebiet der Ertragsbildung schon vor Jahrzehnten der Modellmethode bedient hat. So trägt das Ertragsgesetz unzweifelhaft Modellcharakter, gleichgültig ob man das Minimumgesetz VON LIEBIGS, das Wirkungsgesetz der Wachstumsfaktoren MITSCHERLICHS (1909, 1954) oder irgendeine andere der zahlreichen speziellen Formen des Ertragsgesetzes betrachtet. Berücksichtigt man nur einen Pflanzennährstoff, so läßt sich das Ertragsgesetz durch eine Funktion der Form

$$y = G(x) \tag{1}$$

darstellen. Hierin ist x die zu Beginn der Vegetationszeit verfügbare oder verabreichte Menge des betreffenden Nährstoffes und y der am Ende erzielte Ertrag. Auch heute noch haben Modelle der Form (1) große praktische Bedeutung. Man bezeichnet sie heute meist als Produktionsfunktionen.
Die Ertragsgesetze der Form (1) wurden in der Regel auf Grund experimenteller Befunde aufgestellt. Insofern sind sie im allgemeinen das Ergebnis einer Verarbeitung experimenteller Daten, einer Verdichtung empirisch gewonnener Informationen. Allerdings wurden zur Herleitung der Ertragsgesetze nur relativ gleichförmige Versuche, in erster Linie Nährstoff-Steigerungsversuche, herangezogen.
Mit Hilfe des Ertragsgesetzes bzw. von Produktionsfunktionen der Form (1) läßt sich die Ertragsbildung bis zu einem gewissen Grade sinn-

voll steuern. So ist es möglich, auf der Grundlage der Funktion (1) eine „optimale“ Nährstoffgabe zu berechnen und diese dann zu verabreichen. Von Prozeßsteuerung kann man in diesem Falle aber nur bedingt, unter Vorbehalt, bzw. bei sehr großzügiger Auslegung dieses Begriffes sprechen. Denn nach Verabreichung der „optimalen“ Nährstoffgabe wird auf jede weitere Einflußnahme durch Nährstoffzufuhr verzichtet. Das System bleibt also anschließend, bis zur Ernte, mehr oder weniger sich selbst überlassen.

Eine vollkommenere Steuerung des Prozesses der Ertragsbildung wäre zweifellos möglich, wenn nicht nur pauschal eine „optimale“ Nährstoffmenge bestimmt würde, sondern auch Angaben darüber hergeleitet werden könnten, zu welchen Terminen vor und während der Vegetationszeit die verschiedenen Nährstoffe zuzuführen sind. Noch besser ließe sich die Ertragsbildung steuern, wenn die günstigsten Düngungszeitpunkte und Nährstoffmengen unter Berücksichtigung des konkreten Prozeßablaufs in dem betreffenden Jahr fortlaufend berechnet werden könnten.

Angaben solcher Art können aber einfache statische Modelle der Form (1), in denen die Zeit überhaupt nicht vorkommt, offenkundig nicht liefern. Vielmehr benötigt man für diese Zwecke dynamische Modelle, die den Prozeßablauf während der Vegetationszeit wenigstens in bestimmter Hinsicht beschreiben.

Betrachtet man wieder nur einen Nährstoff, so stellt

$$\frac{dy}{dt} = y\,\Psi(v) \tag{2}$$

mit

$$v = \frac{N(0)}{y} + \frac{1}{y}\int_0^t W(y)\,\varphi(u)\,dt$$

ein relativ einfaches dynamisches Modell der Ertragsbildung vegetativ wachsender Pflanzen dar. Hierbei ist unter y der Trockenmasseertrag zur Zeit t, unter Ψ die Trockenmasseproduktion je Einheit bereits vorhandener Trockenmasse in der Zeiteinheit, unter $v = v(t) = N(t)/y(t)$ der relative Nährstoffgehalt der Pflanze zur Zeit t, unter $N(t)$ die zur Zeit t in der Pflanze enthaltene Menge des betrachteten Nährstoffes, unter $W(y)\,\varphi(u)$ die Geschwindigkeit der Nährstoffaufnahme, unter $W(y)$ die vom bereits erreichten Trockenmasseertrag abhängige resorbierende Wurzeloberfläche, unter φ die Nährstoffaufnahme je Einheit resorbierender Wurzeloberfläche in der Zeiteinheit und unter $u = u(t)$ die Nährstoffkonzentration in der Umgebung der Wurzeln zu verstehen (Kaltofen, 1958, 1961, 1966). Die zur Zeit t in der Umgebung der Wurzeln vorhandene Nährstoffkonzentration u darf dabei aber keinesfalls mit der zu Beginn der Vegetationszeit verfügbaren Nährstoffmenge x verwechselt werden (KALTOFEN, 1957, 1961). Welcher Zusammenhang zwischen x und u besteht, wurde an anderer Stelle dargelegt (KALTOFEN, 1970).

Im Gegensatz zu den statischen Modellen der Form (1) werden in den dynamischen Modellen der Form (2) offensichtlich bereits eine ganze Anzahl ernährungsphysiologisch relevanter Größen explizit berücksichtigt und zueinander in Beziehung gesetzt. Dabei ist hervorzuheben, daß auch Gleichung (2) auf Grund empirisch bzw. experimentell gewonnener Informationen aufgestellt wurde. Diese Informationen stammen jedoch nicht mehr aus einer Klasse mehr oder weniger gleichartiger Düngungsversuche, sondern aus zahlreichen Versuchen, Untersuchungen und Beobachtungen unterschiedlichster Art.

Mit Hilfe der Gleichung (2) ist es im Prinzip möglich, den optimalen zeitlichen Verlauf des Nährstoffangebotes $u = u(t)$ für vegetativ wachsende Pflanzen zu bestimmen. Mathematisch gesehen läuft das auf die Integration der Gleichung (2) und die anschließende Lösung eines Variationsproblems hinaus. Praktisch stößt die exakte mathematische Bestimmung des optimalen zeitlichen Verlaufs von u allerdings auf große Schwierigkeiten, da v ein ziemlich komplizierter Ausdruck und Ψ in v nicht linear ist. Jedoch würde es für praktische Zwecke schon ausreichen, den optimalen Verlauf von $u(t)$ näherungsweise zu berechnen.

Mit der Bestimmung des optimalen zeitlichen Verlaufs von u ist indessen erst ein Teil der Aufgabe gelöst. Als zweites wäre die Frage zu klären, wie der als optimal erkannte zeitliche Verlauf von u durch Düngungs- und andere Maßnahmen verwirklicht werden kann. Da u, die Nährstoffkonzentration in der Bodenlösung, in mannigfacher Weise von den Bedingungen und Vorgängen im Boden abhängt, kann diese zweite Frage nur beantwortet werden, wenn ein geeignetes Modell der Nährstoffdynamik des Bodens vorliegt.

Bei der Aufstellung eines solchen Modells kann man etwa von der Bilanzgleichung

$$\frac{du}{dt} = \frac{du_D}{dt} + \frac{du_B}{dt} - \frac{du_V}{dt} - W(y)\,\varphi(u) \tag{3}$$

ausgehen. Hierbei ist du_D/dt die Geschwindigkeit, mit der sich der betrachtete Nährstoff aus zugeführten Düngemitteln löst. du_B/dt stellt die Geschwindigkeit der Freisetzung des betreffenden Nährstoffes aus Bodenbestandteilen dar; du_B/dt schließt insbesondere die Nährstofffreisetzung durch Basenaustausch, Verwitterung und Mineralisierung, aber als negative Ausdrücke auch die Nährstoffsorption, -fixation und dergleichen ein. Unter du_V/dt ist ein Verlustterm zu verstehen, durch den alle Verflüchtigungs- und Auswaschungsverluste erfaßt werden. $W(y)\,\varphi(u)$ schließlich ist, wie bereits erwähnt, die Geschwindigkeit, mit der die Pflanze den betrachteten Nährstoff aufnimmt. Gegebenenfalls sind in die Gleichung (3) auch noch weitere Terme aufzunehmen, beispielsweise ein Term für die Nährstoffzufuhr durch Niederschläge.

Es obliegt in erster Linie der Bodenkunde, die Terme du_D/dt, du_B/dt und du_V/dt für die verschiedenen Böden näher zu bestimmen. Dabei können sich unter Umständen recht komplizierte Ausdrücke ergeben. Im allgemeinen hängen du_D/dt, du_B/dt und du_V/dt von u ab. Im übrigen soll nicht unerwähnt bleiben, daß u, die Nährstoffkonzentration in der Bodenlösung, in Wirklichkeit nicht nur eine Funktion der Zeit, sondern auch noch eine Funktion der Ortskoordinaten ist (Kaltofen, 1957). So liegt u in tieferen Bodenschichten oft niedriger als in der Ackerkrume. Diese Fakten werden hier vernachlässigt.

Aus (2) und (3) ergibt sich das Gleichungssystem

$$\left.\begin{aligned} \frac{dy}{dt} &= y\,\Psi(v) \\ \frac{du}{dt} &= \frac{du_D}{dt} + \frac{du_B}{dt} - \frac{du_V}{dt} - W(y)\,\varphi(u) \end{aligned}\right\} . \qquad (4)$$

An Hand dieses Gleichungssystems könnte nun untersucht werden, welches Muster der Nährstoffzufuhr, charakterisiert durch die Ausbringungstermine und die zu den verschiedenen Terminen auszubringenden Nährstoffmengen, im Hinblick auf das jeweils angestrebte Ziel das günstigste ist.

Andererseits könnte man aber, da laut Gleichung (2) das Massenwachstum dy/dt vom relativen Nährstoffgehalt v abhängt, auch daran denken, den relativen Nährstoffgehalt der Pflanzen zu verschiedenen Zeitpunkten der Vegetationszeit zu bestimmen. Auf Grund der erhaltenen Meßergebnisse könnten dann, falls erforderlich, Düngungsmaßnahmen eingeleitet werden, um optimale Werte von v zu gewährleisten. Welche Maßnahmen dabei im einzelnen zu ergreifen sind, wäre aber wiederum an Hand des Gleichungssystems (4) zu klären. Denn dieses Gleichungssystem beschreibt ja unter anderem auch den dynamischen Zusammenhang, der zwischen Düngung und relativem Nährstoffgehalt der Pflanzen besteht. Zum Beispiel werden in (4) jene Einflüsse berücksichtigt, denen die Düngernährstoffe im Boden ausgesetzt sind. Berücksichtigung finden ferner der zeitliche Verlauf der Nährstoffaufnahme durch die Pflanzen, der durch das fortschreitende Pflanzenwachstum bedingte Verdünnungseffekt usw.

Schon in der Vergangenheit ist vielfach vorgeschlagen worden, die Nährstoffzufuhr auf Grund von Messungen des Nährstoffzustandes der Pflanzen zu regeln. Erinnert sei hier nur an die Blattanalyse nach Lundegårdh (1945) sowie an die von Knauer (1963) und van Burg (1966) unterbreiteten Vorschläge. Letztere beziehen sich auf die Düngung von Futtergräsern. Künftig geht es jedoch darum, mit Hilfe von Messungen des Zustandes der Pflanzen und geeigneter Modelle zu wesentlich besser fundierten, quantitativen Düngungsempfehlungen für die laufende Vegetationszeit zu gelangen.

Vermutlich eröffnen sich hier besonders im Hinblick auf die Stickstoffdüngung beachtliche Möglichkeiten. Allerdings hängt die Wirkung einer Zufuhr von Stickstoff nicht allein vom prozentischen N-Gehalt, sondern auch vom Kohlenhydratgehalt der Pflanzen ab. Bei Kohlenhydratmangel hat stärkere N-Zufuhr oft eine Wachstumshemmung, im Extremfalle sogar ein Absterben der Pflanzen zur Folge (PRJANISCHNIKOW, 1952; STREET und SHEAT, 1958; MOTHES, 1958).

Insgesamt gesehen besteht eine starke Interdependenz zwischen dem N- und dem C-Metabolismus der Pflanze. Das in Abbildung 1 wiedergegebene relationale Modell des vegetativen Wachstums in Abhängigkeit von Stickstoffernährung und Photosynthese (KALTOFEN, 1970) zeigt das sehr deutlich. Dieses Modell wurde wiederum auf Grund zahlreicher experimenteller Ergebnisse, wie sie ihren Niederschlag nicht zuletzt in den einschlägigen Lehr- und Handbüchern gefunden haben, aufgestellt. Vor allem wurden dabei auch die Resultate pflanzenphysiologischer und biochemischer Arbeiten berücksichtigt. Eingehend diskutiert wurde in diesem Zusammenhang die Frage, ob bzw. unter welchen Umständen die Photosynthesekapazität der Pflanze voll ausgenutzt wird. Ersichtlich enthält das durch Abbildung 1 dargestellte Modell weit mehr Größen und Relationen pflanzenphysiologischer und biochemischer Art als das durch Gleichung (2) gegebene Modell.

Die in Abbildung 1 dargestellten Zusammenhänge legen nahe, zwecks Herleitung von Empfehlungen für die N-Düngung neben dem Gehalt der Pflanzen an löslichen anorganischen und organischen N-Verbindungen gegebenenfalls auch den Gehalt an Kohlenhydraten und anderen disponiblen C-Verbindungen zu bestimmen. Es spricht vieles dafür, daß sich die Auswirkungen einer N-Zufuhr auf Stoffwechsel und Wachstum der Pflanzen wesentlich besser voraussagen lassen, wenn man auch den Gehalt der Pflanzen an Kohlenhydraten mit berücksichtigt. Dies bedeutet, daß der Prozeß der Ertragsbildung bei Beachtung weiterer physiologischer Zustandsgrößen noch vollkommener gesteuert werden kann als bei alleiniger Berücksichtigung des relativen Nährstoffgehaltes v.

Natürlich bedarf es dazu einer Quantifizierung der in Abbildung 1 dargestellten Beziehungen. Auf die Wege zur Lösung dieser Aufgabe wurde bereits an anderer Stelle kurz eingegangen (KALTOFEN, 1970). Soweit die für eine Quantifizierung erforderlichen Daten nicht der Literatur entnommen werden können, müssen dazu noch weitere experimentelle Untersuchungen durchgeführt werden.

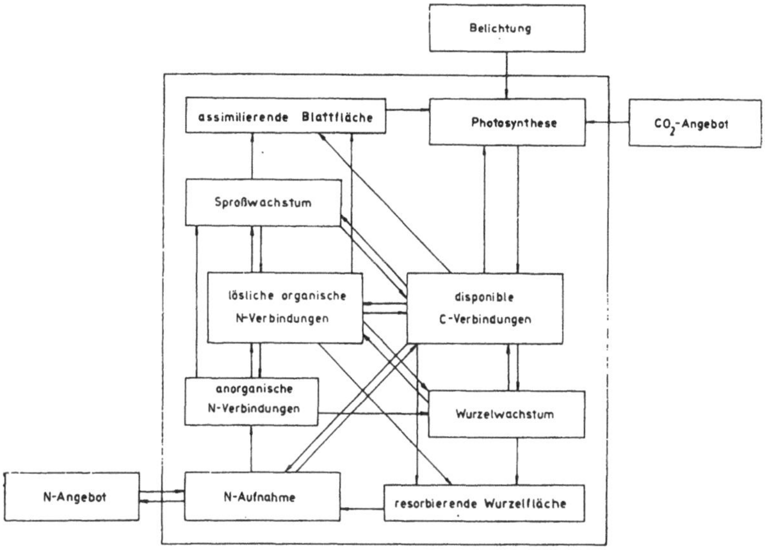

Abb. 1: Relationales Modell des vegetativen Pflanzenwachstums in Abhängigkeit von Stickstoffernährung und Photosynthese

Des weiteren ist es erforderlich, das in Abbildung 1 wiedergegebene Modell des vegetativen Wachstums durch ein Modell zu ergänzen, das die Dynamik der N-Bewegungen und -Umsetzung im Boden beschreibt. Dieses Modell der im Boden ablaufenden Vorgänge und jenes in Abbildung 1 haben zwei Elemente gemeinsam: das N-Angebot und die N-Aufnahme. Durch diese beiden Elemente sind die zwei betrachteten Modelle zu einem komplexeren Modell verkoppelt, das den Gesamtprozeß der N-Bewegungen, -Umsetzungen und -Wirkungen in Boden und Pflanzen widerspiegelt. Dieses komplexere Modell kann man als eine Weiterentwicklung des durch Gleichungssystem (4) gegebenen Modells auffassen.

Das relationale Modell in Abbildung 1 hat zunächst für die vegetative Phase Bedeutung, die ja alle Pflanzen durchlaufen müssen. Bei nicht wenigen Kulturpflanzen stellt die vegetative Masse auch bereits den Nutzertrag dar, so daß man mit einem Modell des vegetativen Wachstums auskommt. Das gilt für Futtergräser, aber beispielsweise auch für Pflanzen, aus deren Blättern Eiweiß für die menschliche Ernährung extrahiert werden soll.

Bei vielen anderen Kulturpflanzen werden dagegen Speicherorgane, wie Samen, Knollen und dergleichen, genutzt. Für diese Pflanzenarten wären, aufbauend auf dem Modell in Abbildung 1, noch geeignete Modelle zu entwickeln, die der Assimilateinlagerung in die Speicherorgane Rechnung tragen.

Selbstverständlich braucht man bei der Modellierung der Ertragsbildung aber keineswegs auf jener Stufe stehenzubleiben, die mit dem Modell in Abbildung 1 erreicht ist. Wenn in diesem Modell auch schon wichtige physiologische Teilprozesse der Ertragsbildung, wie die Nährstoffaufnahme und die Photosynthese, explizit berücksichtigt werden, was für das durch Gleichung (1) gegebene Modell nicht und für das durch Gleichung (2) dargestellte Modell nur zum Teil gilt, so kann man doch bei Bedarf durchaus noch weitere physiologische, biochemische und biophysikalische Fakten in die Modelle aufnehmen, um die Modelle gegebenenfalls noch aussagefähiger zu gestalten. In der einschlägigen Literatur sind noch zahlreiche experimentelle Ergebnisse über den Stoffwechsel der Pflanzen, über ihren Energiehaushalt, ihren Wasserhaushalt usw. zu finden, die bei Bedarf in Modelle der Ertragsbildung eingearbeitet werden können.

Ferner ist zu beachten, daß die experimentelle Forschung nicht stehenbleibt, sondern rasch voranschreitet und ständig neue Ergebnisse hervorbringt. Heute schickt sich, wie SCHILLING (1967) dargelegt hat, die experimentelle Forschung auf dem Gebiet der pflanzlichen Ernährungsphysiologie teilweise bereits an, bis zu den molekularen Grundprozessen des Stoffwechsels vorzustoßen. Im Zuge dieser Entwicklung wird man immer neue Möglichkeiten finden, um in den Stoffwechsel gezielt eingreifen und die Ertragsbildung im gewünschten Sinne beeinflussen zu können. An Bedeutung könnte insbesondere der Einsatz von Wachstumsregulatoren gewinnen. In dem Maße, in dem auf diesem Gebiet klare experimentelle Ergebnisse erzielt werden, können diese selbstverständlich in Modellen der Ertragsbildung Berücksichtigung finden. SCHILLING (1969) hält es im Prinzip ebenfalls für möglich, auf der Basis entsprechender experimenteller Forschungsarbeiten zu kybernetischen Modellen pflanzlicher Teilsysteme zu gelangen.

Im allgemeinen muß man allerdings damit rechnen, daß die Modelle um so komplizierter werden, je mehr physiologische, biophysikalische, biochemische und molekularbiologische Einzelheiten in die Modelle aufgenommen werden.

Insgesamt gesehen ist festzustellen, daß man bei der Modellierung der Ertragsbildung ursprünglich vom pauschalen Verhalten der Pflanze bzw. ganzer Pflanzenbestände ausgegangen ist. Durch die Ertragsgesetze suchte man insbesondere das Verhalten des Ertrages in Abhängigkeit von der zu Beginn verabreichten Nährstoffgabe zu erfassen. Heute geht es jedoch mehr und mehr darum, die Modelle tiefer zu begründen und auch die entscheidenden Teilprozesse, die der Ertragsbildung zugrunde liegen, mit zu berücksichtigen, unter Umständen bis zu den molekularen Grundprozessen hin. Diese Entwicklung auf dem Gebiet der Modellierung entspricht vollkommen dem Trend in der experimentellen Forschung, wie er von SCHILLING (1967) dargelegt wurde. In Abbildung 2 wird diese Entwicklungsrichtung durch den linken Pfeil symbolisiert.

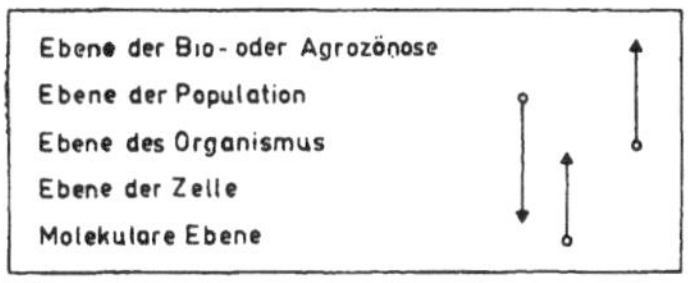

Abb. 2: Symbolische Darstellung wichtiger Forschungsrichtungen

Andererseits gibt es jedoch auch Bemühungen, ausgehend von molekularbiologischen Fakten, zu einem Verständnis des Verhaltens der ganzen Zelle und schließlich ganzer Organismen zu gelangen. Auch hierbei spielen Modellvorstellungen eine große Rolle. Als hervorragendes Beispiel sei hier nur das von JACOB und MONOD (1961) vorgeschlagene Operonmodell genannt (MENGEL, 1968). In zunehmendem Maße bedienen sich die auf diesem Gebiet arbeitenden Biophysiker mathematischer und kybernetischer Methoden. Diese Forschungsrichtung wird in Abbildung 2 durch den mittleren Pfeil symbolisiert.

Es ist zu erwarten, daß sich die beiden genannten Forschungsrichtungen gegenseitig immer mehr durchdringen werden. Vielleicht kommt es in Zukunft sogar einmal zu einer weitgehenden Verschmelzung der beiden Richtungen.

Schließlich gibt es auch noch Bestrebungen, aus dem Verhalten verschiedener Arten von Pflanzen, Tieren und Mikroorganismen unter dem Einfluß der Umweltbedingungen zu einem Verständnis und nachfolgend zu einer effektiven Steuerung ganzer Bio- und Agrozönosen bzw. ganzer Ökosysteme zu gelangen (s. Abbildung 2). Auch hier steht man vor Problemen von brennender Aktualität. Erwähnt sei nur die Frage nach dem Verhalten bestimmter Unkräuter, phytopathogener Pilze und tierischer Schädlinge unter den Bedingungen der Monokultur. Auf die quantitative Erfassung und Modellierung derartiger Systeme wird in dem Buch von WATT (1968) näher eingegangen. Da die diesbezüglichen Vorgänge aber im allgemeinen über einen längeren Zeitraum hin verfolgt werden müssen, gehören sie schon nicht mehr bzw. nicht mehr allein zum Problemkreis der Ertragsbildung innerhalb eines Jahres.

2. Zustand des Bodens und Verhalten der Erträge in längeren Zeiträumen

Zweifellos stellt die Ertragsbildung während einer Vegetationsperiode nur die eine Seite des Problems dar. Es gilt andererseits auch, den Boden in einem Zustand zu erhalten, der auf die Dauer hohe Erträge ermöglicht. Mehr noch: Wo immer angängig, sind die im Boden ablaufenden Prozesse langfristig so zu steuern, daß sich der Zustand des Bodens noch verbessert

und die Pflanzen immer höhere und stabilere Erträge hervorbringen. Alle hierher gehörigen Maßnahmen faßt man gewöhnlich unter dem Begriff der Erhaltung und Mehrung der Bodenfruchtbarkeit zusammen. Der tatsächliche Erfolg entsprechender Maßnahmen kann letzterdings aber nur an den Erträgen, unter Einschluß der Qualität der Ernteprodukte, gemessen werden. Wenngleich andere Meßgrößen, die den Zustand des Bodens charakterisieren, bei der Klärung der kausalen Zusammenhänge unentbehrlich sind, können sie doch nie letztes Erfolgskriterium sein.
Wenn man darangeht, das langfristige Verhalten des Bodenzustandes in Abhängigkeit von den Umweltbedingungen und den Bewirtschaftungsmaßnahmen zu modellieren, so kann man natürlich im allgemeinen von den physiologischen Details der Ertragsbildung, von den molekularbiologischen Grundprozessen usw. weitgehend absehen. Auch die innerhalb eines Jahres auftretenden Schwankungen der Zustandsgrößen des Bodens, beispielsweise die Schwankungen der Nährstoffkonzentrationen in der Bodenlösung, können oft unbeachtet bleiben. Es kommt bei derartigen Untersuchungen vielmehr in erster Linie auf die erreichten Jahreserträge und auf die summarischen Veränderungen der Zustandsgrößen des Bodens an, wie sie nach Ablauf eines ganzen Jahres in Erscheinung treten. Mit anderen Worten, es interessieren hauptsächlich die Werte der Integrale von dy/dt, du/dt, du_D/dt, du_B/dt, du_V/dt und $W(y)\ \varphi(u)$ über das ganze Jahr, weniger die genauen zeitlichen Verläufe dieser im Gleichungssystem (4) enthaltenen Größen.
Nun kann man, ganz pauschal betrachtet, die auf dem Ackerland angebauten Früchte in drei Gruppen einteilen: in humusmehrende Pflanzen, in humuszehrende Pflanzen und in mehr oder weniger neutrale Pflanzen. Zu den humusmehrenden Früchten rechnet man vor allem Klee, Luzerne und deren Grasgemische, weil diese große Mengen N-reicher Wurzel- und Stoppelmasse hinterlassen. Im Vergleich dazu bilden die Hackfrüchte sehr wenig Wurzelmasse. Gleichzeitig kommt es beim Anbau von Hackfrüchten oft zu einer stärkeren Humuszersetzung. Aus diesem Grunde bezeichnet man die Hackfrüchte derzeit meist als humuszehrende Pflanzen. Mehr oder weniger neutral im Hinblick auf die Humusbilanz ist das Getreide. Es bildet zwar nur mäßige Wurzelmassen, doch ist der Getreideanbau auch nicht mit einer sonderlich starken Mineralisierung organischer Substanz verbunden.
Bei dieser Betrachtungsweise werden freilich nur die direkten Wirkungen der einzelnen Pflanzenarten auf den Humusgehalt des Bodens berücksichtigt. Tatsächlich können die verschiedenen Fruchtarten aber auch noch indirekt einen Einfluß auf den Humusgehalt des Bodens ausüben (RÜBENSAM, 1962). Werden nämlich Ernteprodukte verfüttert, so fallen entsprechende Mengen wirtschaftseigener Düngemittel an, die den Gehalt des Bodens an organischer Substanz erhöhen.
Die Gesamtwirkung einer Fruchtart auf den Humusgehalt des Bodens stellt sich somit als Summe der direkten und der indirekten Wirkung

dar. Da die indirekte Wirkung nie negativ sein kann, ist die Gesamtwirkung auf den Humusgehalt bei Klee, Kleegras und Luzerne stark positiv. Wird Getreide verfüttert, so ergibt sich ebenfalls ein positiver Gesamteffekt auf den Humushaushalt. Die Gesamtwirkung der Hackfrüchte hingegen kann positiv oder negativ sein, je nachdem ob die positive indirekte Wirkung oder die negative direkte Wirkung überwiegt. Die positive indirekte Wirkung kann unter Umständen dann überwiegen, wenn die Hackfrüchte restlos oder zu einem erheblichen Teil verfüttert werden.
In diesem Zusammenhang spielt auch die Mineraldüngung, insbesondere die N-Düngung, eine bedeutsame Rolle. In den vergangenen Jahren wurde manchmal die Ansicht vertreten, daß der mineralische Stickstoff nicht fruchtbarkeitsmehrend wirke, sondern lediglich dazu beitrage, die Bodenfruchtbarkeit voll auszunutzen. Hierbei dürfte man aber nur die direkte Wirkung des mineralischen Stickstoffs vor Augen gehabt haben. In Wirklichkeit vermag die mit der N-Düngung meist verbundene Erhöhung des Anfalles an Ernterückständen, also an Stoppeln, Wurzeln usw., durchaus fruchtbarkeitsfördernd zu wirken. So kann die mineralische N-Düngung nach SCHMALFUSS (1940, 1960, 1965) eine verstärkte Humusakkumulation nach sich ziehen. Darüber hinaus übt die Mineraldüngung auch insofern einen positiven Einfluß auf die Bodenfruchtbarkeit aus, als die durch sie hervorgerufene Ertragssteigerung über die Verfütterung der Ernteprodukte bzw. über die Einstreu einen erhöhten Anfall an wirtschaftseigenen Düngern zur Folge hat. Auf diese wichtigen Zusammenhänge wurde unter anderem von BITTERMANN (1956), HUPPERT und JÜRGENS-GSCHWIND (1964) sowie JÜRGENS-GSCHWIND (1967) hingewiesen. Die Ausführungen von MÜLLER (1966) deuten ebenfalls in diese Richtung.
Dem Systemcharakter der Vorgänge Rechnung tragend, darf man wohl feststellen, daß eine organische Düngung in der Höhe, wie sie heute in der Praxis üblich ist, eine starke Mineraldüngung zur unabdingbaren Voraussetzung hat. Ohne Einführung der Mineraldüngung, insbesondere der N-Düngung, wäre die Erhöhung des Stalldunganfalles auf mindestens das Dreifache, wie sie während der letzten 90 Jahre eingetreten ist (BITTERMANN, 1956), zweifellos nicht möglich gewesen.
Eine Sonderstellung nimmt bei alledem das Grünland ein. Denn es bedarf nicht der Zufuhr organischer Dünger, vermag aber erhebliche Futtermengen zu liefern, die einen entsprechenden Anfall organischer Dünger nach sich ziehen. Auf diese Weise wirkt sich das Grünland positiv auf den Humushaushalt der Ackerböden aus. Mithin kann die Bodenfruchtbarkeit auf dem Ackerland in grünlandreichen Betrieben vielfach auch ohne den Anbau humusmehrender Futterpflanzen aufrechterhalten und gesteigert werden (KALTOFEN, 1963).
Daß Entsprechendes aber auch gilt, wenn wenig oder kein Grünland vorhanden ist, haben intensiv wirtschaftende bäuerliche Betriebe im sächsischen Lößgebiet schon vor 4 Jahrzehnten gezeigt. Diese Betriebe bauten

sehr wenig Klee und Luzerne an, dafür aber sehr viel Kartoffeln und Zuckerrüben, also „humuszehrende“ Pflanzenarten. Sachgemäße Bewirtschaftung und insbesondere sehr hohe Mineraldüngergaben führten zu hohen Erträgen. Die Ernteprodukte wurden größtenteils verfüttert, zum Teil wurde noch Kraftfutter zugekauft. Der dadurch bedingte hohe Anfall an wirtschaftseigenen Düngern rief bei weiterhin starkem Einsatz mineralischer N-Düngemittel eine weitere Ertragssteigerung und damit eine abermalige Vergrößerung des Anfalls an wirtschaftseigenen Düngern hervor. Und so fort. Zwischen Ertragshöhe und Anfall an wirtschaftseigenen Düngern bestand also eine Wechselwirkung im Sinne einer positiven Rückkopplung. Auf Grund dieser positiven Rückkopplung steigerten sich die Erträge und der Anfall an wirtschaftseigenen Düngern unter dem Einfluß der mineralischen N-Düngung gegenseitig immer weiter. Gleichzeitig wurde der Boden immer stärker mit stickstoffreicher organischer Substanz angereichert. Besonders bei den Hackfrüchten wurden auf diese Weise Erträge von ganz enormer Höhe erreicht. Beim Anbau von Getreide aber gab es bald Schwierigkeiten. Auch wenn dem Getreide wenig oder gar kein mineralischer Stickstoff gegeben wurde, ging das Getreide oft in Lager, weil aus dem im Boden angehäuften N-reichen organischen Material zu viel Stickstoff freigesetzt wurde. Aus diesem Grunde konnten nur noch die seinerzeit standfestesten Getreidearten und -sorten angebaut werden. Im Extremfalle mußte der Getreideanbau wegen der „überhöhten“ Bodenfruchtbarkeit – die Praktiker sprachen von „Übergare“ – sogar eingeschränkt und „Zuflucht“ zu einem nochmals erweiterten Hackfruchtanbau genommen werden. Infolge der hohen Hackfruchterträge zog das aber einen noch weiter gesteigerten Anfall wirtschaftseigener Dünger nach sich.

Angesichts dieser Zusammenhänge erscheint es nicht angebracht, die Bedeutung der Mineraldüngung, insbesondere der N-Düngung, für die Bodenfruchtbarkeit gering zu achten. Die vorgesehene verstärkte Bereitstellung von N-Düngemitteln wird zweifellos eine weitere Erhöhung des Anfalles an wirtschaftseigenen Düngern bewirken, was arbeitswirtschaftlich zuweilen schon als lästig empfunden wird.

Die Frage ist jedoch, wie man zu quantitativen Abschätzungen jener direkten und indirekten Wirkungen kommen kann, die ein verstärkter Einsatz mineralischer N-Düngemittel auf die N-Zirkulation und den Stoffumsatz einschließlich der Ertragsbildung ausübt. Derartige Abschätzungen wären zum Beispiel für eine qualifizierte Prognose von größter Bedeutung. Ein Weg zur Gewinnung entsprechender Informationen besteht darin, quantitative Modelle der Stoffzirkulation zu erarbeiten.

Auch auf dem hier behandelten Gebiet wurden schon vor langer Zeit Modelle entworfen. Insbesondere entwickelte VON WULFFEN (1830, 1847) quantitative dynamische Modelle, in denen die Abhängigkeit der Erträge von der Bodenfruchtbarkeit und gleichzeitig die Abhängigkeit der Bodenfruchtbarkeit von den Erträgen erfaßt wurde. Diese Ansätze, die den Stand der Agronomie zu einer Zeit zusammenfaßten, in der die Mineraldüngung noch weitgehend unbekannt bzw. praktisch nicht durchführbar war, stellen nach De Wit (1968) nicht einen der berühmten toten Endpunkte der Agrarwissenschaft dar, sondern vielmehr ein erstes und zugleich vortreffliches Beispiel für die Anwendung der Operationsforschung auf dem Gebiet der Ertragsbildung.

Es scheint, daß die künftig zu erarbeitenden quantitativen dynamischen Modelle der Stoffzirkulation in Bewirtschaftungseinheiten am zweckmäßigsten in Form offener rekursiver Systeme aufzustellen sind, wie sie im Prinzip bereits von Wulffen ansetzte. Als Grundlage für die Modellierung der N-Zirkulation kann dabei der in Abbildung 3 dargestellte Graph dienen. Allerdings spiegelt dieser Graph die Realität nur in stark vereinfachter Form wider. Alle Pfeile in Abbildung 3 symbolisieren Stoffflüsse, wogegen die Pfeile in Abbildung 1 nur teilweise Stoffflüsse, teilweise auch Informationsflüsse wiedergeben. Die Funktionen, vermittels derer die einzelnen Elemente in Abbildung 3 miteinander verknüpft sind, sind wenigstens zum Teil aus experimentellen Untersuchungen bzw. aus der Erfahrung bekannt.

Mit Hilfe des zu entwickelnden offenen rekursiven Systems könnte man die N-Zirkulation in Bewirtschaftungseinheiten unter den verschiedensten Bedingungen auf Rechenautomaten simulieren. So könnte man beispielsweise prüfen, welche Auswirkungen ein unterschiedlich hoher Einsatz mineralischer N-Düngemittel hat. Oder man könnte der Frage nachgehen, was bei unterschiedlich hohen N-Verlusten oder bei Verkauf unterschiedlicher Mengen pflanzlicher oder tierischer Erzeugnisse geschieht. Selbstverständlich kann man an Hand des Simulationsmodells auch den Einfluß eines verschieden hohen Grünlandanteils oder eines unterschiedlichen Ackerflächenverhältnisses untersuchen. Schließlich könnten die Simulationsstudien auch zur Klärung der Frage beitragen, ob bzw. unter welchen Bedingungen die betrachteten Systeme stationären Zuständen zustreben, inwieweit die stationären Zustände gegenüber Störungen stabil sind, unter welchen Voraussetzungen Oszillationen auftreten können, ob die Systeme bei gleichem Input mehrere voneinander verschiedene stationäre Zustände anzunehmen vermögen usw. Nach neueren Untersuchungen können schon relativ einfache Systeme bei gleichem Input mehrere stabile stationäre Zustände besitzen (Noack, 1968).

Ähnliche Zirkulationsmodelle wie für den Stickstoff kann man bei Bedarf natürlich auch für Phosphor, Kalium und andere Pflanzennährstoffe entwickeln, ferner auch für die organische Substanz bzw. für den Kohlenstoff. Simulationsmodelle der Kaliumzirkulation wären zum Beispiel in jenen Fällen von großem Interesse, in denen die tierischen Exkremente aus Großanlagen der Tierproduktion auf beschränkter Fläche untergebracht werden sollen. Hierbei kann es unter Umständen nicht nur zu

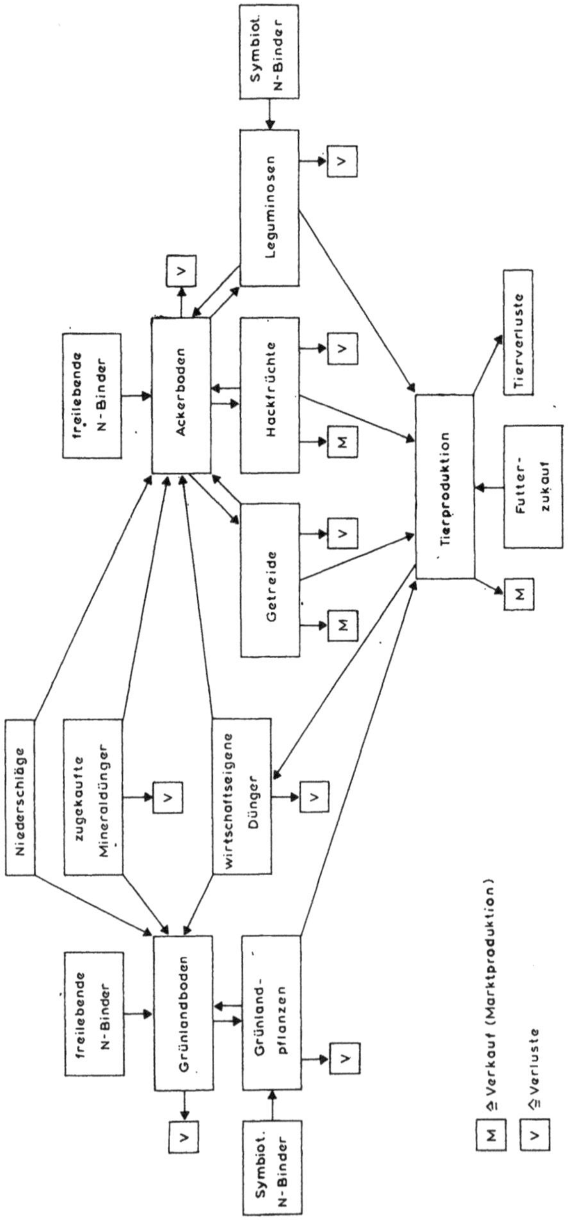

Abb. 3: Schema der N-Zirkulation in Bewirtschaftungseinheiten

einer sehr starken N-Akkumulation, sondern auch zu einer unerwünscht starken K-Akkumulation kommen.

Doch so bedeutsam derartige Simulationsstudien für die Erkenntnisgewinnung auch sind, so wichtig ist es andererseits, die Aussagen der Modelle in entscheidenden Punkten an der Realität zu überprüfen. Dies kann geschehen, indem die Stoffzirkulation in realen Bewirtschaftungseinheiten, etwa in LPG, VEG oder LVG, quantitativ verfolgt wird. Besonders aufschlußreich wäre es, wenn hierbei auch Betriebe berücksichtigt würden, die ausschließlich oder überwiegend Getreide anbauen. Nach praktischen Erfahrungen sollen die Erträge auch unter diesen Bedingungen nicht zurückgehen (Kloeppel, 1969); es wird sogar von einem beachtlichen Anstieg der Erträge berichtet. Im übrigen wären die quantitativen Erhebungen zur Stoffzirkulation natürlich unter verschiedenen Standort- und Bewirtschaftungsbedingungen durchzuführen.

Was die N-Zirkulation anbetrifft, so kann der Graph in Abbildung 3 auch als Grundlage für die Planung und Auswertung derartiger Erhebungen dienen. Da bei solchen quantitativen Erhebungen sehr viele Daten anfallen, wäre von vornherein ein Einsatz der elektronischen Datenverarbeitung in Erwägung zu ziehen.

Die aus den Modellen abgeleiteten Aussagen könnten aber auch an Hand von Systemversuchen überprüft werden, in denen neben den direkten Wirkungen der einzelnen Pflanzenarten und der Düngung auch die indirekten Wirkungen mit erfaßt werden. In den weitaus meisten der bisher durchgeführten Feldversuche zur Klärung von Fruchtfolge- und Düngungsfragen ging es nur um die Ermittlung der direkten Wirkungen. Dabei wurde die Höhe der organischen Düngung mehr oder weniger nach Gutdünken oder nach Gefühl festgelegt. Wenn aber auch die indirekten Wirkungen mit erfaßt werden sollen, muß sich die Höhe der Zufuhr wirtschaftseigener Dünger nach den jeweils erzielten Erträgen richten, weil diese auch in der Praxis die Höhe der organischen Düngung weitgehend bestimmen. Derartige Systemversuche könnten zum Beispiel Auskunft darüber geben, wie sich die Erträge und der Bodenzustand unter dem Einfluß einer verschieden starken N-Düngung im Laufe der Jahre verändern.

Über einige Ergebnisse eines diesbezüglichen Versuches berichten Huppert und Jürgens-Gschwind (1964). Es zeigte sich, daß der Humusgehalt des Bodens durch ständige Anwendung mineralischer N-Düngemittel und die damit verbundene Steigerung der Produktion organischer Masse beachtlich angehoben wurde. Auch deutete sich mit Fortschreiten der Zeit eine gewisse Verbesserung der ertragsteigernden Wirkung des mineralischen Stickstoffs an, was eventuell auf die sich akkumulierenden indirekten Wirkungen des Stickstoffs zurückzuführen ist.

Natürlich wäre es auch bei derartigen Systemversuchen von Interesse, die Stoffumsetzungen im einzelnen zu verfolgen. Hierbei wäre wiederum an den Einsatz der elektronischen Datenverarbeitung zu denken.

Die große Bedeutung einer genaueren Untersuchung der Nährstoffzirkulation wird noch klarer, wenn man die Werte in der Tabelle betrachtet.

In der Marktproduktion enthaltene und mit der Mineraldüngung zugeführte Nährstoffmengen

Marktproduktion je ha landwirtschaftlicher Nutzfläche	in der Marktproduktion enthalten kg je ha landwirtschaftlicher Nutzfläche*		
	N	P	K
durchschnittliche pflanzliche und tierische Marktproduktion in der DDR, Stand 1968**	24	6	10
40 dt Getreide	80	17	20
3400 kg Milch und 100 kg Rind	20	5	8
	im Düngejahr 1967/68 in der DDR als Mineraldünger ausgeliefert** kg je ha landwirtschaftlicher Nutzfläche		
	N	P	K
	70	26	78

* Bei der Berechnung der in der Marktproduktion enthaltenen Nährstoffmengen wurden aus Sicherheitsgründen relativ hohe prozentische Nährstoffgehalte unterstellt.
** Entnommen aus dem Statistischen Jahrbuch 1969 der Deutschen Demokratischen Republik.

In dieser Tabelle sind unter anderem die N-, P- und K-Mengen angegeben, die 1968 mit der pflanzlichen und tierischen Marktproduktion der Landwirtschaft der DDR entzogen wurden. Diese Nährstoffmengen waren erstaunlich gering, wenn man bedenkt, daß die Landwirtschaft der DDR 1968 bereits ein ansehnliches Produktionsniveau erreicht hatte. Offensichtlich floß mit der Marktproduktion an pflanzlichen und tierischen Erzeugnissen nur ein Bruchteil jener Nährstoffmengen aus der Landwirtschaft ab, die mit der Mineraldüngung zugeführt worden waren.
Darüber hinaus zeigt die Tabelle, daß die mit der Marktproduktion weggeführten Nährstoffmengen stark von der Produktionsrichtung abhängen. In einem hypothetischen Betrieb, der nur Getreide produziert und verkauft, liegen sie 2,5- bis 4mal so hoch wie in einem Betrieb, der ausschließlich Milch und Schlachtvieh verkauft. Offensichtlich kann also die Ersatzdüngung bei starker Tierproduktion wesentlich niedriger bemessen werden als bei überwiegendem Verkauf pflanzlicher Erzeugnisse. Gegenwärtig wird das noch viel zu wenig beachtet.
Im übrigen ergibt sich aus der Tabelle natürlich die Frage, wo jene mit der Mineraldüngung zugeführten Nährstoffmengen bleiben, die nicht in die Marktproduktion eingehen. Es ist anzunehmen, daß es bei starker Mineraldüngung im Prozeß der Nährstoffzirkulation an manchen Stellen, vor allem im Boden, zu einer Nährstoffanhäufung kommt und daß andererseits gleichzeitig beträchtliche Verluste entstehen (vgl. Abb. 3). Gerade

dies unterstreicht, wie wichtig es ist, die Nährstoffzirkulation unter verschiedenen Bedingungen genauer zu untersuchen und insbesondere an Hand entsprechender Modelle auch Simulationsstudien durchzuführen. Auf diese Weise kann man am ehesten herausfinden, was zu tun ist, um den stoffwirtschaftlichen Gesamtprozeß effektiver zu gestalten.

3. Zusammenhänge zwischen den Vorgängen innerhalb eines Jahres und dem langfristigen Geschehen

Naturgemäß kann es zwecks Aufklärung langfristiger Effekte der Stoffzirkulation erforderlich werden, bestimmte Vorgänge, die innerhalb eines Jahres vonstatten gehen, näher zu analysieren. Aus diesem Grunde haben in manchen Fällen auch Modelle Bedeutung, in denen die innerhalb eines Jahres ablaufenden Vorgänge und das langfristige Geschehen in ihrem Zusammenhang betrachtet werden. Ein instruktives Beispiel bietet die P-Zirkulation.

Der Graph in Abbildung 4 gibt die P-Zirkulation in stark vereinfachter Form wieder. Werden, wie es in der unberührten Natur der Fall ist, keine Düngemittel zugeführt, aber auch keine Ernten entnommen, so dürfte die jährlich von den Pflanzen aufgenommene P-Menge ebenso wie die jährlich durch Mineralisierung postmortaler Pflanzensubstanz freiwerdende P-Menge annähernd die gleiche bleiben, wenn man von witterungsbedingten Zufallsschwankungen absieht.

Innerhalb der einzelnen Jahre wirkt sich die P-Aufnahme der Pflanzen natürlich senkend auf die P-Konzentration der Bodenlösung aus. Jede Verringerung in der P-Konzentration der Bodenlösung hat aber eine verstärkte Freisetzung ungelösten anorganischen Phosphors aus dem Vorrat des Bodens zur Folge, so daß die P-Konzentration der Bodenlösung verhältnismäßig konstant bleibt. In diesem Zusammenhang sei darauf hingewiesen, daß nach FRIED u. a. (1957) die Pflanzen je Zeiteinheit bei weitem nicht so große P-Mengen zu resorbieren vermögen, wie aus dem Nährstoffvorrat des Bodens in Lösung gehen können.

Wird andererseits einmal infolge rascher Mineralisierung abgestorbener Pflanzensubstanz relativ viel Phosphor freigesetzt und damit die P-Konzentration der Bodenlösung erhöht, so zieht das eine verstärkte Überführung gelösten Phosphors in ungelöste Formen nach sich. Insgesamt gesehen dürfte deshalb die P-Konzentration der Bodenlösung auch in diesem Falle verhältnismäßig konstant bleiben.

Wird nun durch Ernten Phosphor aus dem Kreislauf entnommen, so braucht dies keineswegs mit einer raschen Verminderung der jährlich aufgenommenen P-Mengen und der Erträge verbunden zu sein. Solange der Vorrat des Bodens an ungelöstem Phosphor, insbesondere an leichter löslichen P-Verbindungen, genügend groß ist, sinkt die P-Konzentration

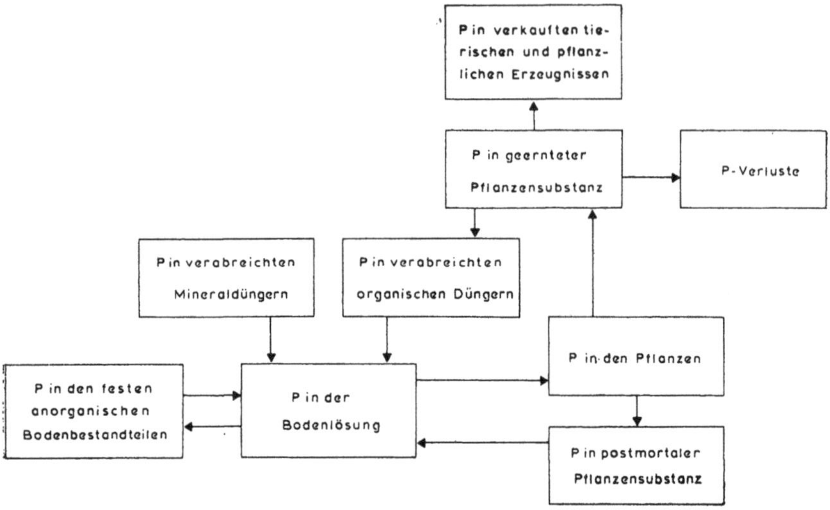

Abb. 4: Relationales Modell der P-Zirkulation in Bewirtschaftungseinheiten

der Bodenlösung infolge des P-Entzuges nicht stärker ab, weil immer wieder entsprechende P-Mengen aus dem P-Vorrat in Lösung übergeführt werden.

Es kann allerdings auch vorkommen, daß die P-Aufnahme und die Pflanzenerträge infolge des P-Entzuges durch die Ernten relativ rasch zurückgehen. Dies ist dann der Fall, wenn der Vorrat des Bodens an Phosphor, vor allem an leichter löslichen P-Verbindungen, zu gering ist, um die erforderliche P-Konzentration der Bodenlösung trotz ständigen P-Entzuges für längere Zeit weitgehend aufrechtzuerhalten.

Durch ausreichende Zufuhr P-haltiger Düngemittel kann man jedoch den Rückgang der P-Aufnahme und der Erträge in jedem Falle verhindern. Dazu braucht man die mit der Düngung zugeführten P-Mengen nur so hoch zu bemessen, daß die tatsächlichen P-Entzüge und -Verluste gerade ausgeglichen werden. Hierbei ist die sogenannte P-Festlegung nicht zu den echten Verlusten zu rechnen. Denn die Überführung gelösten Phosphors in ungelöste Formen ist im Prinzip reversibel. Vermindert sich die P-Konzentration der Bodenlösung, etwa weil Phosphor entzogen wird, so wird „festgelegter" Phosphor wieder in Lösung übergeführt.

Gegenwärtig überschreiten in der DDR allein die mit der Mineraldüngung zugeführten P-Mengen die realen P-Entzüge und -Verluste, die unter 20 kg P/ha liegen dürften (MÜLLER, 1966), beachtlich. Darüber hinaus werden auch noch mit den wirtschaftseigenen Düngern erhebliche P-Mengen verabreicht. Die Folge ist eine fortlaufende Vergrößerung des P-Vorrates der Böden. Diese erscheint solange sinnvoll, wie dadurch die

P-Konzentration der Bodenlösung noch erhöht und ein positiver Einfluß auf die Erträge und die Qualität der Ernteprodukte ausgeübt wird. Eine darüber hinausgehende Anreicherung der Böden mit Phosphor dürfte vom ökonomischen Standpunkt aus jedoch kaum zu vertreten sein.
Nun hat sich immer wieder gezeigt, daß sich die Unterlassung der P-Düngung auf den meisten Ackerflächen und auch auf einem Teil der Grünlandflächen der DDR erst nach einigen Jahren, bisweilen erst nach vielen Jahren, negativ auf den Ertrag auswirkt. Jedenfalls ist in der DDR von einer Erhöhung des P-Vorrates der Böden nur auf einem geringen Teil des Ackerlandes und auf einem Teil des Grünlandes noch ein positiver Effekt auf die Ertragshöhe zu erwarten. Da jedoch die weitaus meisten Flächen P-Mengen erhalten, die den Entzug und die Verluste wesentlich überschreiten, ist zu schließen, daß es in der DDR vom Ertrag her gesehen vorläufig nicht erforderlich ist, die Zufuhr mineralischer P-Düngemittel noch zu steigern.
Diese aus Systembetrachtungen resultierende Schlußfolgerung steht im Widerspruch zu der Forderung, den Einsatz mineralischer P-Düngemittel in der DDR noch wesentlich zu verstärken. Vermutlich entspringt diese Forderung einem ausgeprägten Streben nach Sicherheit. Man möchte offenbar um jeden Preis auch die geringste Ertragseinbuße, die irgendwo und irgendwann einmal infolge P-Mangels eintreten könnte, vermeiden. Indessen stellt die generelle Erhöhung der P-Zufuhr ein recht unzeitgemäßes Mittel dar, um das angestrebte Ziel zu erreichen. Zeitgemäßer, da ökonomischer, wäre es, die tatsächlich erforderlichen P-Gaben genauer zu bestimmen, ähnlich wie man heute auch in der Technik genauere Berechnungen durchführt als vor einigen Jahrzehnten und dadurch erhebliche Rohstoff- und Materialmengen einspart. Durch genauere Bestimmung der tatsächlich erforderlichen P-Gaben könnten die vorhandenen P-Düngemittel entsprechend den Forderungen der Materialökonomie stärker dorthin gelenkt werden, wo sie im Hinblick auf den Ertrag und die Qualität der Ernteprodukte wirklich Nutzen bringen, während anderenorts eine übertrieben hohe P-Düngung, die volkswirtschaftlich einer Verschwendung gleichkommt, weitgehend unterbunden würde. Einen positiven Einfluß auf die Qualität übt die P-Düngung zum Beispiel bei Speisekartoffeln aus, während bei den Futterpflanzen die Bedeutung eines hohen P-Gehaltes oft noch überschätzt wird.
Voraussetzung für eine genauere Bestimmung der tatsächlich erforderlichen P-Gaben wären einmal entsprechende experimentelle Arbeiten (Bergmann u. a., 1967; Kaltofen, 1969), wobei von vornherein eine elektronische Verarbeitung der anfallenden Daten vorzusehen wäre. Zum anderen wäre es im Hinblick auf das angestrebte Ziel von großem Wert, wenn die gesamte P-Dynamik in einem quantitativen Modell erfaßt würde. Das von Larsen und Probert (1968) vorgeschlagene mathematische Modell bietet hierzu einige Ansatzpunkte. Insgesamt gesehen kann es

jedoch noch nicht befriedigen, da in ihm einige sehr wesentliche Gesichtspunkte unberücksichtigt bleiben. Aufbauend auf dem relationalen Modell in Abbildung 4 ließe sich zweifellos ein besseres quantitatives Modell entwickeln.

Ähnliche Überlegungen wie zur P-Dynamik kann man natürlich auch zur K-Dynamik anstellen. Fraglos wird auf vielen Standorten in der DDR wesentlich mehr Kalium gedüngt, als es im Hinblick auf den Ertrag notwendig ist. In manchen Böden wird ständig so viel Kalium freigesetzt, daß sich auf unabsehbare Zeit jegliche K-Zufuhr erübrigt. Auf solchen Böden liegt der K-Gehalt der Futterpflanzen oft schon ohne K-Düngung weit oberhalb des Optimums. Andererseits gibt es in der DDR jedoch auch Böden, auf denen eine stärkere K-Düngung von Nutzen wäre. Insgesamt gesehen dürfte in der DDR aber keine Erhöhung des K-Einsatzes erforderlich sein, sondern ähnlich wie beim Phosphor nur eine stärkere Differenzierung der Gaben von Standort zu Standort bzw. von Fläche zu Fläche.

Bei der Modellierung der K-Dynamik ist natürlich zu beachten, daß erhebliche Auswaschungsverluste auftreten können. Beim Phosphor sind die Auswaschungsverluste bekanntlich gering, weshalb sie in Abbildung 4 vernachlässigt wurden.

Insgesamt gesehen zeigen diese Beispiele des P- und K-Haushaltes, daß eine sorgfältige Systemanalyse zu unerwarteten, überraschenden Ergebnissen führen kann, zu Ergebnissen, die volkswirtschaftlich unter Umständen von großer Tragweite sind. Der Nutzen der Systemanalyse und der Modellierung ist zweifellos in hohem Maße gerade darin zu erblicken, daß neue Einsichten vermittelt werden. Wäre es nicht möglich, durch Systemanalyse und Modellierung zu neuen Erkenntnissen zu gelangen, so könnte man sich die damit verbundenen Mühen auch sparen.

4. Fragen des Wasserhaushaltes

In den vorstehenden Ausführungen wurde an die Analyse und Modellierung der Beziehungen zwischen Nährstoffversorgung und Ertragsbildung sowohl unter dem Aspekt der kurzfristigen als auch unter dem Aspekt der langfristigen Steuerung herangegangen. Unter ähnlichen Aspekten kann man sich der Modellierung des Wasserhaushaltes von Boden und Pflanze zuwenden. Ein aktuelles Problem besteht heute beispielsweise darin, den Beregnungseinsatz innerhalb eines Jahres optimal zu steuern. Nicht weniger aktuell ist die Frage, welche Standorte als besonders beregnungswürdig anzusehen sind, auf welchen Standorten also die Installierung einer Beregnungsanlage auf die Dauer gesehen besonders große Erfolge verspricht.

Es gibt Grund zu der Annahme, daß man durch modellmäßige Erfassung der Wasserbilanzen einen wesentlichen Beitrag zur Lösung dieser Probleme leisten kann. Hierbei kann man auf Arbeiten aufbauen, die von MITSCHERLICH, BEUTELSPACHER, KUHNKE und anderen Forschern zum Teil schon vor Jahrzehnten durchgeführt wurden (vgl. MITSCHERLICH, 1954; ATANASIU u. KRUSE, 1957).

Die Wasserbilanz des Bodens ergibt sich aus der Niederschlagsmenge auf der einen Seite und dem Wasserverbrauch durch Evapotranspiration auf der anderen Seite. Die Evapotranspiration kann man hierbei als Summe der Wasserverdunstung des Bodens und der Transpiration der Pflanzen auffassen. Im allgemeinen überwiegt auf Flächen mit geschlossenem Pflanzenbestand die Transpiration bei weitem.

Die Höhe der Transpiration und ebenso der Evapotranspiration hängt nun in starkem Maße vom Sättigungsdefizit der Luft bzw. von der potentiellen Evaporation ab. PASÁK (1968) fand, daß die Evapotranspiration von Getreide und Gras eng mit der Evaporation des unbewachsenen Bodens korrellierte. Je größer die potentielle Evaporation, desto größer ist im allgemeinen die aktuelle Evapotranspiration. In erster Näherung kann man

$$\frac{dw}{dt} = p\,E_{pot} \tag{5}$$

setzen, wobei dw/dt die Evapotranspiration, E_{pot} die potentielle Evaporation und p ein vom Zustand des Pflanzenbestandes abhängiger Faktor ist.

E_{pot} kann direkt gemessen oder auch aus anderen meteorologischen Daten berechnet werden. Es bleibt also die Frage nach den Werten von p. Da sich der Zustand des Pflanzenbestandes mit Fortschreiten der Zeit verändert, ändert sich auch p fortlaufend. Bekanntlich verbrauchen einjährige Pflanzen anfangs, solange sie noch klein sind, relativ wenig Wasser. Je weiter die Pflanzen heranwachsen, desto größer wird der tägliche Wasserverbrauch. Nach Erreichen eines Maximums nimmt der tägliche Wasserverbrauch dann wieder ab, etwa in dem Maße, in dem die Pflanzen reifen und absterben. Dementsprechend läßt sich p als Funktion der Zeit t bei einjährigen Pflanzenarten durch eine Kurve darstellen, die zunächst ansteigt und später wieder abfällt. Einen ganz anderen Verlauf nimmt p jedoch bei mehrjährigen Futterpflanzen, die innerhalb eines Jahres mehrmals geschnitten werden. In solchen Fällen dürfte p innerhalb eines Jahres mehrere Maxima besitzen. Die numerische Bestimmung der Funktion $p = p(t)$ für die wichtigsten Pflanzenarten muß künftigen Forschungsarbeiten vorbehalten bleiben.

Den Gesamtwasserverbrauch $w = w(t)$ seit Beginn der Vegetationszeit erhält man durch Integration der Gleichung (5):

$$w(t) = \int_0^t p\,E_{pot}\,dt\,.$$

Damit ergibt sich die zur Zeit t noch im Boden vorhandene nutzbare Wassermenge $u_w(t)$ durch die Bilanzgleichung

$$u_w(t) = u_w(0) + R(t) - w(t). \quad (6)$$

Hierbei ist unter $R(t)$ die Summe aller Niederschläge im Zeitintervall $0 \ldots t$ zu verstehen und unter $u_w(0)$ die zu Beginn der Vegetationszeit im Boden enthaltene nutzbare Wassermenge; selbstverständlich könnte man $R(t)$ ebenso wie $w(t)$ durch ein Integral über die Zeit darstellen. Die Bilanzgleichung (6) gilt allerdings nur, wenn kein Grundwassereinfluß vorhanden ist und das gesamte während der Vegetationszeit anfallende Niederschlagswasser im Boden gespeichert wird.

Berechnet man mit Hilfe der Bilanzgleichung (6) fortlaufend, gewissermaßen synchron mit dem real ablaufenden Prozeß, die im Boden enthaltene Wassermenge u_w, so kann man feststellen, wann diese zu stark absinkt, wann also Wasserknappheit eintritt. Auf dieser Grundlage ist eine sinnvolle Steuerung des Beregnungseinsatzes möglich. Hat man sehr viele Bilanzgleichungen fortlaufend zu berechnen, wie es in größeren Bewässerungssystemen der Fall sein kann, so ist es natürlich zweckmäßig, sich einer elektronischen Datenverarbeitungsanlage bzw. eines Prozeßrechners zu bedienen. Im übrigen besteht jederzeit die Möglichkeit, die Ergebnisse der Bilanzierung durch direkte Messung der Bodenfeuchtigkeit zu überprüfen und gegebenenfalls entsprechende Korrekturen vorzunehmen.

Mit Hilfe der Bilanzgleichung (6) kann man jedoch auch Aussagen zur Beregnungsbedürftigkeit der Standorte gewinnen, sofern die erforderlichen meteorologischen Daten für eine hinreichende Anzahl von Jahren vorliegen. Auf Grund der für genügend viele Jahre berechneten Bilanzgleichungen kann man nämlich abschätzen, mit welcher Wahrscheinlichkeit auf dem jeweils betrachteten Standort in den verschiedenen Teilen der Vegetationszeit kein Wassermangel, geringer Wassermangel, starker Wassermangel oder sehr starker Wassermangel auftritt. Das unterschiedliche Wasserspeichervermögen der Böden wird hierbei insofern mit berücksichtigt, als die zu Beginn der Vegetationszeit im Boden enthaltene nutzbare Wassermenge $u_w(0)$ mit in die Bilanzgleichungen eingeht.

Es ist natürlich klar, daß derartige Berechnungen, die Wesentliches über den Zusatzwasserbedarf der Standorte beim Anbau verschiedener Früchte aussagen, ziemlich aufwendig sind. Rationell lassen sich diese Berechnungen wohl nur mit Hilfe elektronischer Datenverarbeitungsanlagen durchführen.

Bei alledem darf indessen nicht übersehen werden, daß der Ansatz (5), der hier der Wasserbilanzierung zugrunde gelegt wurde, die tatsächlichen Verhältnisse nur in grober Näherung widerspiegelt. Die Evapotranspiration dw/dt hängt ja in Wirklichkeit nicht allein von der potentiellen Evaporation E_{pot} ab, sondern auch noch von u_w, der nutzbaren Wasser-

menge des Bodens. Im Grunde genommen ist die Beziehung (5) nur solange näherungsweise gültig, wie der Wassergehalt des Bodens noch genügend groß ist. Sinkt u_w zu stark ab, so wird die Evapotranspiration erheblich eingeschränkt. Dies bedeutet, daß die nach (5) berechnete Evapotranspiration bei sehr niedrigem Wassergehalt des Bodens wesentlich höher liegt als die tatsächliche. Das aber kann zur Folge haben, daß die Bilanzgleichung (6) negative Werte für u_w liefert, und zwar nicht nur in Trockenperioden, sondern unter Umständen auch noch danach, wenn bereits wieder genügend Bodenfeuchtigkeit zur Verfügung steht. Ein weiterer Mangel des Ansatzes (5) könnte darin gesehen werden, daß er keine direkte Beziehung zur Ertragsbildung erkennen läßt, auf die es ja letztlich ankommt.
Diese und auch manche anderen Schwächen des Ansatzes (5) lassen sich durchaus vermeiden. Man muß dann allerdings kompliziertere Ansätze in Kauf nehmen. Im folgenden wird kurz skizziert, wie ein vollkommenerer Ansatz für vegetativ wachsende Pflanzen etwa aussehen könnte.
Zunächst einmal darf man annehmen, daß der Differentialquotient des Trockenmasseertrages y nach der Zeit t vom bereits erreichten Trockenmasseertrag, vom Alter der Pflanzen und von ihrer Hydratur abhängt. Letztere kann bei gegebenem Trockenmasseertrag y durch die in der Pflanze enthaltene Wassermenge H charakterisiert werden. Damit ergibt sich die Gleichung

$$\frac{dy}{dt} = f(y, t, H). \tag{7}$$

dH/dt ist nun aber gleich der Differenz zwischen der Wasseraufnahmerate dH_A/dt und der Transpirationsrate dH_T/dt:

$$\frac{dH}{dt} = \frac{dH_A}{dt} - \frac{dH_T}{dt} \tag{8}$$

Dabei ist anzunehmen, daß die Wasseraufnahmerate vom jeweils erreichten Trockenmasseertrag y, vom Pflanzenalter, von der in der Pflanze enthaltenen Wassermenge H und von u_w, dem Gehalt des Bodens an nutzbarem Wasser, abhängt:

$$\frac{dH_A}{dt} = f_A(y, t, H, u_w). \tag{9}$$

Ferner ist anzunehmen, daß die Transpirationsrate vom bereits erreichten Trockenmasseertrag y, vom Alter der Pflanzen, von der in ihnen enthaltenen Wassermenge H sowie von der potentiellen Evaporation F_{pot} im Mikroklima abhängig ist:

$$\frac{dH_T}{dt} = f_T(y, t, H, F_{pot}). \tag{10}$$

F_{pot}, die potentielle Evaporation im Mikroklima des Pflanzenbestandes, ist nicht mit E_{pot}, der potentiellen Evaporation im Makroklima, identisch. Während im Ansatz (5) E_{pot} verwendet wird, ist das in Gleichung (10) nicht zulässig.
Die Ansätze (7), (9) und (10) liefern zusammen mit der Beziehung (8) das Gleichungssystem

$$\left.\begin{aligned} \frac{dy}{dt} &= f(y, t, H) \\ \frac{dH}{dt} &= f_A(y, t, H, u_w) - f_T(y, t, H, F_{pot}) \end{aligned}\right\} \qquad (11)$$

Dieses Gleichungssystem stellt ein kybernetisches Modell der Trockenmasseproduktion vegetativ wachsender Pflanzen in Abhängigkeit von ihrem Wasserhaushalt dar. Es muß künftigen theoretischen und experimentellen Arbeiten vorbehalten bleiben, die Funktionen f, f_A und f_T zu spezifizieren. In diesem Zusammenhang wäre nicht zuletzt an die Durchführung von Versuchen in Klimakammern zu denken.
Weiterhin wäre es erforderlich, das Gleichungssystem (11) durch ein Modell des Bodenwasserhaushaltes und ein Modell des Mikroklimas zu ergänzen. Mit dem Modell des Bodenwasserhaushaltes hat (11) die Elemente u_w und dH_A/dt gemeinsam und mit dem Modell des Mikroklimas die Elemente F_{pot} und dH_T'/dt. Alle drei genannten Modelle bilden zusammen ein komplexeres Modell. Erst dieses komplexere Modell läßt sich in vollem Maße praktisch nutzen. Denn in der Natur sind der Wasserhaushalt des Bodens, der Wasserhaushalt der Pflanzen und der Wasserhaushalt der bodennahen Luftschicht untrennbar miteinander verkoppelt. Unter anderem würde es das komplexe Modell erlauben, die Wasserzufuhr in Bewässerungssystemen weit vollkommener zu steuern, als es mit Hilfe der vergleichsweise simplen Gleichungen (5) und (6) möglich ist. Die Entwicklung des komplexen Modells erfordert jedoch noch sehr umfangreiche Forschungsarbeiten.

5. Methodische und methodologische Fragen

Die zuletzt angestellten Erörterungen lassen besonders deutlich erkennen, daß Boden, Pflanze und Klima im Grunde eine Einheit bilden, ein System, das mehr ist als die Summe seiner Teile. Je nachdem, welche praktischen Aufgaben zu lösen sind, interessieren jedoch ganz verschiedene Aspekte dieses Systems. Dementsprechend wird man auch von ganz verschiedenen Seiten aus an die Modellierung des Systems herangehen. Geht es etwa um die langfristige Verbesserung des Bodenzustandes, so wird man bei der Modellierung ganz andere Gesichtspunkte berücksichtigen als bei der Erforschung der Wirkungsweise von Wachstumsregulatoren.

Im weiteren Verlauf der Entwicklung kann es allerdings erforderlich werden, mehrere Teilmodelle, die auf verschiedenen Gebieten ausgearbeitet wurden, zu komplexeren Modellen zusammenzufügen. Beispiele dafür wurden bereits angeführt. Als weiteres Beispiel sei erwähnt, daß die Modelle der Nährstoffwirkung künftig sicherlich einmal mit den Modellen des Wasserhaushaltes zu komplexeren Modellen vereinigt werden müssen.

Nun wird nicht selten die Ansicht vertreten, daß die derzeitigen Erkenntnisse nicht ausreichen, um mit der Modellierung auf dem Gebiet der Ertragsbildung zu beginnen, und daß es zunächst einmal darauf ankomme, weitere experimentelle Ergebnisse zu erarbeiten. Hierzu wäre zu sagen, daß man auch zu jedem künftigen Zeitpunkt vor zahlreichen Fragen stehen wird, die noch der experimentellen Erforschung bedürfen. Man sollte sich von der Vorstellung lösen, daß es möglich sei, jahrzehntelang ausschließlich experimentell zu arbeiten, um dann am Schluß, gewissermaßen in einem Zug, ein vollendetes Modell hinzuschreiben. In Wirklichkeit ist die Modellbildung fast immer ein langwieriger, komplizierter Prozeß, der, wenn irgend möglich, parallel zu den experimentellen Arbeiten und in engem Wechselspiel mit diesen vorangetrieben werden sollte (KALTOFEN, 1966; UNGER, 1968). Eine gewisse Arbeitsteilung zwischen Theoretikern und Experimentatoren ist jedoch meist vorteilhaft.

Man sollte auch nicht übersehen, daß in der Vergangenheit bereits eine Fülle experimenteller Ergebnisse gewonnen wurde. Die vielbändigen wissenschaftlichen Handbücher legen beredtes Zeugnis dafür ab. Im Vergleich dazu wurde die Modellierung, die logische Zusammenfassung und Verdichtung der Einzelergebnisse, stark vernachlässigt. Somit besteht im Hinblick auf die Modellierung gegenwärtig noch ein sehr großer Nachholebedarf.

Vielleicht wird hier der Einwand erhoben, daß sich auch in der Vergangenheit schon zahlreiche Forscher um eine Zusammenschau bemüht haben. Diese Feststellung ist richtig, die Arbeit der betreffenden Forscher ist sehr hoch einzuschätzen. Man kann sogar noch weiter gehen und sagen, daß sich wohl jeder Forscher auf Grund der ihm bekanntgewordenen Ergebnisse gewisse Vorstellungen über seinen Forschungsgegenstand macht. Diese Vorstellungen kann man als interne Modelle auffassen, die reale Zusammenhänge mehr oder weniger gut widerspiegeln. Im allgemeinen entsprechen diese Vorstellungen jedoch nur einer verbalen Beschreibung der Zusammenhänge.

Nachteilig an der verbalen Beschreibung ist vor allem ihre große Flexibilität (STEINBUCH, 1965), die oft zur Vieldeutigkeit führt. Man tut deshalb gut daran, sich nach geeigneteren Formen der Darstellung wissenschaftlicher Sachverhalte, nach problemorientierten Sprachen im weitesten Sinne umzusehen.

Wo es um die Darstellung komplexerer Sachverhalte geht, ist die logisch-mathematische Beschreibung, also eine Darstellungsweise, die sich weitgehend auf mathematische Begriffe und erprobte Algorithmen stützt, von besonderer Bedeutung. Schon eine einfache topologische Darstellung, etwa ein Graph wie der in Abbildung 4, besitzt oft einen viel höheren Wirkungsgrad als die ausschließlich verbale Argumentation. Für Differentialgleichungen und ähnliche Formen der mathematischen Darstellung gilt das erst recht. Forschungen zur Prozeßsteuerung in der Pflanzenproduktion ohne mathematisch-kybernetische Modelle durchführen zu wollen, würde auf das gleiche hinauslaufen wie der Versuch, Chemie zu betreiben ohne chemische Formeln oder Geographie ohne geographische Karten. Unter anderem bietet die mathematische Darstellung einen weit besseren Schutz vor sinnlosen Fragestellungen als die verbale Beschreibung (STEINBUCH, 1965), wenngleich dieser Schutz nie vollkommen sein wird.

An einem Beispiel sei verdeutlicht, daß eine mathematische Erfassung der Zusammenhänge um so notwendiger wird, je vollkommener man den Prozeß der Ertragsbildung steuern will. Kann man einen Nährstoff in 6 verschieden hohen Stufen ausbringen und beschränkt man sich auf die Nährstoffzufuhr vor der Aussaat, so hat man nur zwischen 6 verschiedenen Möglichkeiten zu wählen. Werden jedoch 4 verschiedene Ausbringungstermine vor und während der Vegetationszeit in Betracht gezogen und kann der betreffende Nährstoff zu jedem dieser Termine in 6 verschieden hohen Stufen verabreicht werden, so stehen bereits $6^4 = 1296$ Möglichkeiten zur Auswahl (KALTOFEN, 1957). Und können 3 Nährstoffe zu 4 verschiedenen Terminen in jeweils 6 Stufen angewendet werden, so gibt es $(6^4)^3$, also weit über 2 Milliarden Möglichkeiten, die Pflanzen unterschiedlich zu behandeln. Bedenkt man nun noch, daß man auch das Wasser in der unterschiedlichsten Weise zuführen kann und daß künftig auch noch Wachstumsregulatoren zur Verfügung stehen werden, die ebenfalls zu verschiedenen Terminen und in unterschiedlichen Dosen appliziert werden können, so wird die Notwendigkeit einer rationellen Beschreibung der maßgeblichen Beziehungen vollends evident. Darüber hinaus wird klar, daß man in Zukunft nicht mehr ohne moderne informationsverarbeitende Systeme, wie Datenverarbeitungsanlagen und Prozeßrechner, auskommen wird.

Es ist natürlich nicht zu bestreiten, daß man immer wieder auf empfindliche Lücken in den Erkenntnissen stößt, wenn man konkret an die Modellierung der Ertragsbildung herangeht. Daraus aber den Schluß zu ziehen, daß es noch verfrüht sei, mit der Modellierung zu beginnen, wäre höchst unklug. Man sollte vielmehr froh sein, daß auf diese Weise die Lücken in den Erkenntnissen sichtbar hervortreten. Nur wenn man die Lücken kennt, kann man sie durch zielgerichtete experimentelle Untersuchungen schließen. Alles in allem können die theoretischen Arbeiten zur Modellierung viel dazu beitragen, die experimentelle Forschung auf wichtige Probleme zu lenken.

Ungeachtet dessen besteht die Möglichkeit, vorhandene Lücken in den Kenntnissen zunächst einmal durch plausible Annahmen zu überbrücken. Es ist dann allerdings erforderlich, die Konsequenzen des konstruierten Modells experimentell zu überprüfen. Stimmen die aus dem Modell abgeleiteten Aussagen nicht mit den experimentellen Ergebnissen überein, so wird man die unterstellten Annahmen unter Umständen fallen lassen und durch andere Annahmen ersetzen. Gegebenenfalls wird man hierzu auch weitere Versuche durchführen (DE WIT u. BROUWER, 1968). Die Aussagen des modifizierten Modells werden dann wieder experimentell überprüft usw. Auf diese Weise gelangt man Schritt für Schritt zu immer besseren Modellen. Der Gesamtvorgang entspricht offensichtlich einem Lernen durch trial and error, durch Versuch und Irrtum. Wie VON WEIZSÄCKER (1969) ausführt, besteht das Verfahren der exakten Wissenschaften, etwa der Physik, gerade weitgehend darin, die Konsequenzen von Modellen durchzurechnen, um herauszubringen, inwiefern die Modelle falsch sind.

In fernerer Zukunft dürfte es möglich sein, die ständige Verbesserung der Modelle weitgehend zu automatisieren und teilweise auch direkt mit der praktischen Pflanzenproduktion zu verbinden. In Abbildung 5 ist ein Schema der automatisierten Prozeßsteuerung in der Pflanzenproduktion dargestellt, wie es in einigen Jahrzehnten vielleicht einmal verwirklicht werden kann (KALTOFEN, 1969). Das Schema wurde zum Teil durch Introspektion, durch Selbstbeobachtung, gewonnen. Es wurden gewissermaßen diejenigen Vorgänge analysiert, die sich im zentralen Nervensystem eines wissenschaftlich ausgebildeten Agronomen vollziehen, der die Ertragsbildung innerhalb eines Jahres zu steuern hat. Dabei erwies sich, daß viele der vom Menschen ausgeübten Funktionen grundsätzlich auch von einer lernenden Prozeßrechenanlage übernommen werden können, die dem Menschen in mancher Hinsicht sogar weit überlegen ist. Die in einer solchen Anlage ablaufenden Lernprozesse bestehen zu einem erheblichen Teil darin, daß die anlageeigenen internen Modelle der Ertragsbildung in angemessenen Abständen an der Erfahrung, d. h. am tatsächlichen Verhalten des Systems Boden—Pflanze—Atmosphäre, überprüft werden. Dazu ist die Anlage mit Modellkomparatoren ausgestattet, in denen die Modellparameter mit den von außen eingehenden Meßwerten bzw. mit abgespeicherten Erfahrungswerten verglichen werden. Falls erforderlich, erfolgt im Anschluß an den Vergleich automatisch eine Korrektur bzw. eine Verbesserung der Modelle. Dies bewirkt unter anderem, daß die Prozeßrechenanlage im Laufe der Jahre ihre Aufgabe immer besser zu lösen, d. h., die Ertragsbildung immer vollkommener zu steuern vermag.

Ganz allgemein eignet sich ein Modell um so besser für die Prozeßsteuerung, je besser es das Verhalten des zu steuernden realen Systems wiedergibt. Darüber hinaus wird oft die Forderung erhoben, daß die zu entwickelnden

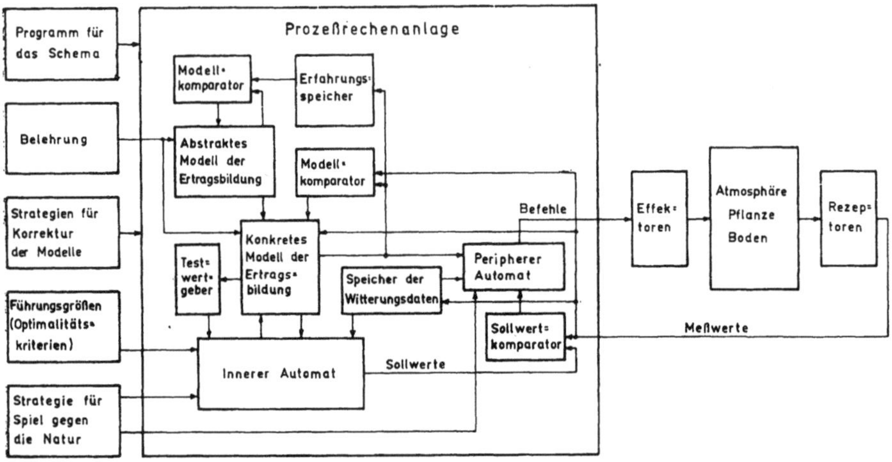

Abb. 5: Schema der automatisierten Prozeßsteuerung in der Pflanzenproduktion mit Hilfe lernender Prozeßrechenanlagen

Modelle dem Kausalitätsprinzip entsprechen und auch möglichst einfach sein sollen.

In diesem Zusammenhang wurde nun gelegentlich die Hoffnung geäußert, daß man zu einfacheren Modellen der Ertragsbildung gelangt, wenn man immer tiefer in die physiologischen Zusammenhänge eindringt, wenn man insbesondere bis zu den molekularen Grundlagen der Lebensprozesse vorstößt. Ob sich diese Hoffnung generell erfüllen wird, ist jedoch zu bezweifeln. MOTHES (1967) schätzt, daß allein zur Aufrechterhaltung des Grundstoffwechsels der Pflanzenzellen etwa 1000 verschiedene Eiweiße oder Enzyme benötigt werden, wobei jedes Enzym in der Regel eine chemische Reaktion steuert und für die Bildung eines jeden Enzyms im allgemeinen ein Gen verantwortlich ist. Die Gesamtzahl der in der Zelle enthaltenen Gene liegt dabei aber noch wesentlich höher. Nach BERNHARD (1969) sind schon in einer Bakterienzelle insgesamt 2000···4000 Gene vorhanden, in einer Eukaryotenzelle aber 5···10 Millionen. Von der in jeder Zelle enthaltenen gesamten genetischen Information wird bei den höheren Organismen allerdings nur ein sehr kleiner Teil realisiert (MENGEL, 1968). Eine Erklärung hierfür liefert das Operonmodell.

Um die Modelle der Ertragsbildung nicht zu kompliziert und damit unhandlich werden zu lassen, wird man sie pflanzenphysiologisch bzw. biochemisch im allgemeinen nicht tiefer begründen, als es für die Lösung der jeweiligen Aufgaben erforderlich ist. Ganz besonders kommt es bei der Modellierung aber darauf an, von allen Nebensächlichkeiten abzusehen und die Aufmerksamkeit auf die jeweils entscheidenden Aspekte zu konzentrieren. Ein Modell ist nicht etwa dann besonders brauchbar oder vollkommen, wenn man nichts mehr hinzufügen kann, sondern vielmehr dann, wenn man nichts mehr weglassen kann. Was weggelassen werden kann und was nicht, hängt dabei weitgehend von der jeweiligen Aufgabenstellung ab.

Im übrigen sei betont, daß die Forderung nach Einfachheit und die Forderung nach Beachtung des Kausalitätsprinzips einander nicht zu widersprechen brauchen. Im Rahmen der Modellbildung dem Kausalitätsprinzip Rechnung tragen heißt lediglich, das Modell sachlogisch zu begründen. Auf welcher Ebene diese Begründung zu erfolgen hat, ist eine ganz andere Frage. Bei diesbezüglichen Entscheidungen ist davon auszugehen, welchem Zweck das Modell dienen soll. Liegt die Ebene der Modellbildung fest, so stellen die dem Kausalitätsprinzip entsprechenden Modelle oft zugleich besonders einfache Modelle dar (KLAUS, 1964; STEINBUCH, 1965).

Der erste Schritt der Modellbildung besteht gewöhnlich darin, daß man eine Systemanalyse durchführt. Hierbei gilt es, sich an Hand der vorliegenden Erkenntnisse Klarheit darüber zu verschaffen, welche Elemente im zu modellierenden System eine wesentliche Rolle spielen und zwischen welchen Elementen bedeutsame Relationen bestehen. Das Ergebnis einer solchen Analyse ist ein relationales Modell des Systems, das zum Beispiel in Form eines Graphen, also eines Blockdiagrammes oder eines Flußbildes, dargestellt werden kann. Relationale Modelle lassen sich aber auch durch Matrizen darstellen, mit denen sich mathematisch leichter operieren läßt.

Auf dem Gebiet der Ertragsbildung werden in vielen Fällen solche Systemanalysen zunächst stark im Vordergrund stehen. In manchen Fällen wird man sich sogar mit der Aufstellung relationaler Modelle begnügen, weil diese in bezug auf die konkrete Fragestellung bereits genügend aussagefähig sind. Oft sind relationale Modelle auch mit großem Vorteil in der Lehre zu verwenden. In anderen Fällen kann man sich mit qualitativen Aussagen, wie sie von relationalen Modellen geliefert werden, jedoch nicht zufriedengeben. So benötigt man für die Prozeßsteuerung im allgemeinen quantitative Aussagen. Interessiert nicht nur der relationale Aspekt der Systeme, sondern auch der metrische oder quantitative Aspekt, so ist es erforderlich, auf der Basis der erarbeiteten relationalen Modelle quantitative Modelle zu entwickeln.

Insgesamt gesehen kann man die Modellbildung als die Einheit von Analyse und Synthese auffassen, nämlich als die Einheit von Systemanalyse und Synthese experimentell gewonnener Einzelergebnisse. Sowohl in den relationalen Modellen als auch in den quantitativen Modellen sind die Ergebnisse experimenteller Einzeluntersuchungen in verdichteter Form enthalten.

Kann man den interessierenden Sachverhalt durch Differentialgleichungen oder durch Integro-Differentialgleichungen quantitativ beschreiben und

ist man darüber hinaus in der Lage, Lösungen dieser Gleichungen anzugeben, so ist es oft möglich, durch Untersuchung dieser Lösungen zu Aussagen von großer Allgemeingültigkeit zu gelangen. Auf diese Weise ergab sich zum Beispiel, daß das sogenannte Gesetz vom abnehmenden Ertragszuwachs kein allgemeingültiges produktionsbiologisches Grundgesetz sein kann, eine Aussage, die sich im weiteren Verlauf experimentell bestätigen ließ (KALTOFEN, 1960, 1961, 1966, 1967). Auch das Prinzip des divergierenden Wachstums (KALTOFEN, 1967; KALTOFEN u. HEY, 1968) ist ein Resultat, das weitgehend auf diesem Wege gewonnen wurde.
In komplizierteren Fällen ist es jedoch praktisch nicht mehr möglich, die analytischen Lösungen der Differentialgleichungen anzugeben. Trotzdem dürfte es auch in solchen Fällen oft vorteilhaft sein, die Differentialgleichungen hinzuschreiben. Denn diese lassen die zugrunde liegenden Zusammenhänge oft weit klarer erkennen als viele Worte. Am Beispiel des Gleichungssystems (11) wird das recht deutlich. Überdies besteht ja heute vielfach die Möglichkeit, mit Hilfe von Analog- oder Digitalrechnern wenigstens Näherungslösungen der Differentialgleichungen zu berechnen.
Damit ist man aber eigentlich schon bei der Simulationstechnik angekommen, die eine immer größere Rolle zu spielen beginnt. Gerade wenn es um die quantitative Erfassung komplizierter Zusammenhänge geht, ist es oft zweckmäßig, von vornherein die Entwicklung von Simulationsmodellen anzustreben. Hierbei ist es nicht unbedingt erforderlich, den jeweiligen Sachverhalt in geschlossener mathematischer Form darzustellen, etwa in Form eines Systems simultaner Differentialgleichungen, wenngleich eine geschlossene mathematische Darstellung die Programmierung der Simulationsmodelle oft sehr erleichtern dürfte.
Ein besonderer Vorteil von Simulationsmodellen besteht nach DE WIT (1968) darin, daß sie den Anwender der Notwendigkeit entheben, sich intensiv mit den Problemen der mathematischen Lösung zu befassen. Der Anwender kann also seine Aufmerksamkeit voll und ganz auf die erzielten Ergebnisse und die daraus zu ziehenden Schlußfolgerungen richten. Außerdem ist es nach DE WIT verhältnismäßig einfach, mehrere Simulationsmodelle, die auf verschiedenen Teilgebieten entwickelt wurden, zu komplexeren Modellen zu vereinigen. Im Hinblick auf diese Möglichkeit wäre es sehr zweckmäßig, wenn man bei der Erarbeitung von Simulationsmodellen, die im allgemeinen offene rekursive Systeme darstellen werden, auf den verschiedenen Teilgebieten der Bodenkunde, der Pflanzenphysiologie und der Agrarmeteorologie nach einheitlicher Methodik vorgehen würde.
Abschließend sei noch erwähnt, daß quantitative Modelle der Ertragsbildung sowohl deterministisch als auch stochastisch konzipiert werden können. Dabei erfordern die stochastischen Modelle im allgemeinen einen höheren mathematischen Aufwand. Die Aufstellung eines stochastischen

Modells setzt die vorherige Aufstellung eines entsprechenden deterministischen Modells voraus.

In bestimmten Situationen ist die Entwicklung stochastischer Modelle durchaus angebracht. So können nach De Wit (1968) die Ergebnisse spezieller Laboratoriumsversuche zu Simulationsmodellen synthetisiert und auf diese Weise quantitativ auf das Freiland übertragen werden. In solchen Fällen wäre es sicherlich von Vorteil, wenn man auch etwas über die Zuverlässigkeit der quantitativen Voraussagen für das Freiland wüßte. Entsprechende Angaben können aber nur stochastische Modelle liefern.

In vielen anderen Fällen ist jedoch die Benutzung deterministischer Modelle der Ertragsbildung vorzuziehen, nicht zuletzt, weil diese leichter zu handhaben sind und weniger Rechenaufwand erfordern als die stochastischen Modelle.

Zusammenfassung

In Abhängigkeit von der jeweils gestellten Aufgabe interessieren ganz verschiedene Aspekte des Systems Boden–Pflanze–Klima. Dementsprechend wird man von ganz verschiedenen Seiten aus an die Analyse und Modellierung der Ertragsbildung herangehen. – An Hand von Beispielen werden einige Möglichkeiten zur Modellierung der Ertragsbildung innerhalb eines Jahres aufgezeigt. Hierbei wird insbesondere die Abhängigkeit der Ertragsbildung vom Nährstoff- und Wasserhaushalt berücksichtigt. Im allgemeinen muß das Modell des Pflanzenwachstums durch ein Modell der Nährstoff- bzw. Feuchtigkeitsdynamik des Bodens ergänzt werden. – Im Hinblick auf die Erhaltung und Steigerung der Bodenfruchtbarkeit erscheint es nützlich, Modelle der langfristigen Stoffzirkulation in Bewirtschaftungseinheiten zu entwickeln, um Simulationsstudien durchführen zu können. Systembetrachtungen führen zu der Folgerung, daß der P- und K-Einsatz in der DDR vorläufig nicht erhöht zu werden braucht. – Abschließend werden einige methodische und methodologische Fragen erörtert. Die Notwendigkeit sehr enger Wechselbeziehungen zwischen Modellierung und experimenteller Forschung wird herausgestellt.

Резюме

Название работы: Проблемы системного анализа и моделирования в области формирования урожая

В зависимости от постановки вопроса интерес представляют разные аспекты системы почва–растение–климат. В соответствии с этим к анализу и моделированию формирования урожая следует подходить с разных сторон. На примерах показываются некоторые возможности моделирования формирования урожая в пределах одного года. При этом особенно учитывается зависимость формирования урожая от режима питания и от водного режима. Обычно модель роста растений должна дополняться моделью динамики питательных веществ и влажности почвы. С точки зрения сохранения и повышения плодородия почвы кажется целесообразным создавать модели длительного оборота веществ в хозяйственных единицах, для того, чтобы проводить модельные исследования. Системное рассмотрение приводит к выводу, что применение P и K в ГДР в ближайшем будущем может не увеличиваться. – В заключение рассматриваются некоторые методические и методологические вопросы. Подчеркивается необходимость тесной взаимосвязи между моделированием и экспериментальными исследованиями.

Summary

Title of the paper: Problems of systems analysis and modelling of yield formation

Depending on the respective tasks attention is paid to different aspects of the system soil–plant–climate. Accordingly analysis and modelling of yield formation will be approached under different aspects.
Some possibilities for modelling yield formation within one year are shown by examples. In this connection special attention is paid to the dependence of yield formation on the nutrient and water regime. In general the model of plant growth must be supplemented by a model of the nutrient or moisture dynamics of the soil.
In regard to the maintenance and raising of soil fertility it seems to be useful to develop models of long-term matter circulation in farming units in order to carry out simulation studies. Systems considerations lead to the conclusion that in the GDR the use of P and K as a preliminary need not be intensified.
Finally some methodical and methodological problems are discussed. The necessity of very close interrelations between modelling and experimental research is pointed out.

Literatur

Atanasiu, N.; Kruse, B.: Zur Frage der künstlichen Beregnung in Beziehung zum Klima. Z. Acker- u. Pflanzenbau 104 (1957), S. 137–144

Bergmann, W.; Beer, K.; Neubert, P.; Richter, D.; Witter, B.: Aufgaben des Institutes für Pflanzenernährung Jena auf dem Gebiet der Mineralstoffernährung der Kulturpflanzen. Sitz.-Ber. Dt. Akad. Landwirtsch.-Wiss. Berlin 16 (1967), Nr. 6, S. 33–55

BERNHARD, W.: Struktur und Funktion in der Eiweißsynthese von Eukaryoten. Nova Acta Leopoldina, N. F., 35 (1969), Vorabdruck aus Nr. 194, S. 9–10

BITTERMANN, E.: Die landwirtschaftliche Produktion in Deutschland 1800–1950. Kühn-Arch. 70 (1956), S. 1–149

DE WIT, C. T.: Plant production. Misc. Papers Landb. Hogesch. Wageningen, 1968, Nr. 3, S. 25–46

DE WIT, C. T.; BROUWER, R.: Über ein dynamisches Modell des vegetativen Wachstums von Pflanzenbeständen. Angew. Bot. 42 (1968), S. 1–12

FRIED, M.; HAGEN, C. E.; SAIZ DEL RIO, J. F.; LEGGETT, J. E.: Kinetics of phosphate uptake in the soil-plant system. Soil Sci. 84 (1957), S. 427–437

HUPPERT, V.; JÜRGENS-GSCHWIND, S.: Die „Fernwirkung" der mineralischen Düngung, insbesondere des Stickstoffs. In: Die Landwirtschaftliche Versuchsstation Limburgerhof 1914–1964. Ludwigshafen, Badische Anilin- & Soda-Fabrik AG, 1964, S. 155–164

JACOB, F.; MONOD, J.: Genetic regulatory mechanisms in the synthesis of proteins. J. Mol. Biol. 3 (1961), S. 318–356

JÜRGENS-GSCHWIND, S.: Bodenfruchtbarkeit nicht vernachlässigen! Mitt. Dt. Landwirtsch.-Gesellsch. 82 (1967), S. 1125–1128

KALTOFEN, H.: Wachstums- und Ertragsgesetze. Statist. Vierteljahresschr. 10 (1957), S. 7–24

KALTOFEN, H.: Beitrag zur Theorie der Wirkung mineralischer Nährstoffe. Bull. Math. Biophysics 20 (1958), S. 25–32

KALTOFEN, H.: Zur Bakterienvermehrung in Abhängigkeit von den Umweltbedingungen. Forsch. u. Fortschr. 34 (1960), S. 193–194

KALTOFEN, H.: Über den Ertragsverlauf bei steigender Nährstoffkonzentration. Bull. Math. Biophysics 23 (1961), S. 197–210

KALTOFEN, H.: Die Bodenfruchtbarkeit in grünlandreichen Betrieben. Dt. Landwirtsch. 14 (1963), S. 541–544

KALTOFEN, H.: Mathematische Voraussage und experimenteller Nachweis eines zunehmenden Ertragszuwachses. Forsch. u. Fortschr. 40 (1966), S. 138 bis 143

KALTOFEN, H.: Die Entstehung eines zunehmenden Ertragszuwachses. Thaer-Arch. 11 (1967), S. 913–920

KALTOFEN, H.: Das Werk E. A. Mitscherlichs und seine Bedeutung für gegenwärtige und künftige Forschungen. Z. Landeskultur 10 (1969), S. 323–349

KALTOFEN, H.: Relationales Modell des vegetativen Pflanzenwachstums in Abhängigkeit von Stickstoffernährung und Photosynthese. Biol. Rdsch. (im Druck)

KALTOFEN, H.: Modelle der Ertragsbildung und positive Rückkopplung. Biol. Rdsch. 8 (1970), S. 44–50

KALTOFEN, H.; HEY, E.: Das Prinzip des divergierenden Wachstums in einem Vegetationsversuch mit *Phleum pratense*. Z. Landeskultur 9 (1968), S. 275 bis 282

KLAUS, G.: Moderne Logik. Berlin, Dt. Verl. d. Wiss., 1964, 452 S.

KLAUS, G.: Wörterbuch der Kybernetik. Berlin, Dietz Verl., 1968, 898 S.

KLOEPPEL, R.: Getreidefarmen – auch in Deutschland? Mitt. Dt. Landwirtsch.-Gesellsch. 84 (1969), S. 1075 – 1077

Knauer, N.: Über die Brauchbarkeit der Pflanzenanalyse als Maßstab für die Nährstoffversorgung und das Düngebedürfnis von Grünland. Schr.-R. Landwirtsch. Fak. Univ. Kiel Nr. 33, 1963, 140 S.

Larsen, S.; Probert, M. E.: A theoretical treatment of the maintenance of soil phosphorus status. Phosph. Agric., Bull. Documentat., London-Paris, 22 (1968), Nr. 51, S. 21–26

Lundegårdh, H.: Die Blattanalyse. Jena, Verl. Gustav Fischer, 1945, 164 S.

Mengel, K.: Ernährung und Stoffwechsel der Pflanze. 3. Aufl., Jena, VEB Gustav Fischer Verl., 1968, 436 S.

Mitscherlich, E. A.: Das Gesetz des Minimums und das Gesetz des abnehmenden Bodenertrages. Landwirtsch. Jb. 38 (1909), S. 537–552

Mitscherlich, E. A.: Bodenkunde für Landwirte, Forstwirte und Gärtner. 7. Aufl., Berlin u. Hamburg, Verl. Paul Parey, 1954, 327 S.

Mothes, K.: Ammoniakentgiftung und Aminogruppenvorrat. In: Ruhland, W.: Handbuch der Pflanzenphysiologie. Bd. 8, Berlin-Göttingen-Heidelberg, Springer-Verl., 1958, S. 716–762

Mothes, K.: Zur Problematik der gegenwärtigen Biologie. Leipziger Universitätsreden, N. F., Nr. 32, 1967, 51 S.

Müller, G.: Der Einfluß der Mineraldüngung auf den biologischen Kreislauf der Stoffe landwirtschaftlich genutzter Böden. Sitz.-Ber. Dt. Akad. Landwirtsch.-Wiss. Berlin 15 (1966), Nr. 15, 29 S.

Noack, D.: Populationsdynamik geregelter biologischer Systeme mit zwei stationären Zuständen. In: Biokybernetik. Bd. I, Leipzig, Karl-Marx-Univ., 1968, S. 249–253

Pasák, V.: Vztah evapotranspirace porostů rostlin k výparu z půdy. Meliorace 4 (1968), Nr. 1, S. 47–54

Prjanischnikow, D. N.: Der Stickstoff im Leben der Pflanzen und im Ackerbau der UdSSR. Berlin, Akad.-Verl., 1952, 203 S.

Rübensam, E.: Maßnahmen zur Steigerung der Bodenfruchtbarkeit als Voraussetzung zur systematischen Erhöhung der Leistungen in der Feld- und Viehwirtschaft. Dt. Landwirtsch. 13 (1962), S.-H. „Fragen der Bodenfruchtbarkeit", S. 4–12

Schilling, G.: Stand und Entwicklungstendenzen der pflanzlichen Ernährungsphysiologie. Sitz.-Ber. Dt. Akad. Landwirtsch.-Wiss. Berlin 16 (1967), Nr. 6, S. 5–31

Schilling, G.: Neue Ergebnisse und Probleme der Pflanzenernährung in der Deutschen Demokratischen Republik. Sitz.-Ber. Dt. Akad. Landwirtsch.-Wiss. Berlin 18 (1969), Nr. 1, 25 S.

Schmalfuss, K.: Mineraldüngung und Kohlenstoffhaushalt des Bodens. Bodenk. u. Pflanzenernähr. 17 (1940), S. 28–32

Schmalfuss, K.: Mineraldüngung, Pflanzenertrag und organische Bodensubstanz. Z. Pflanzenernähr., Düng., Bodenk. 90 (1960), S. 50–58

Schmalfuss, K.: Über Bodenbildung. Thaer.-Arch. 9 (1965), S. 3–7

Steinbuch, K.: Automat und Mensch. 3. Aufl., Berlin-Heidelberg-New York, Springer-Verl., 1965, 454 S.

Street, H. E.; Sheat, D. E. G.: The absorption and availability of nitrate and ammonia. In: Ruhland, W.: Handbuch der Pflanzenphysiologie. Bd. 8, Berlin-Göttingen-Heidelberg, Springer-Verl., 1958, S. 150–165

Unger, K.: Biophysik pflanzlicher Systeme. Studia biophysica 11 (1968), S. 1–10

VAN BURG, P. F. J.: Nitrate as an indicator of the nitrogen-nutrition status of grass. Proc. X. Internat. Grassland Congr., Helsinki, 1966, S. 267–272

WATT, K. E. F.: Ecology and resource management. A quantitative approach. New York usw., McGraw-Hill Book Comp., 1968, 450 S.

WEIZSÄCKER, C. F. von: Über die Kunst der Prognose. Wiss. Welt 8 (1969), Nr. 3, S. 10–17

WULFFEN, C. von: Die Vorschule der Statik des Landbaues. Magdeburg, Verl. Wilhelm Heinrichshofen, 1830, 164 S.

WULFFEN, C. von: Entwurf einer Methodik zur Berechnung der Feldsysteme. Berlin, Verl. Veit u. Comp., 1847, 188 S.

O. V.: Statistisches Jahrbuch 1969 der Deutschen Demokratischen Republik. Berlin, Staatsverl. Dt. Demokrat. Republik

Anschrift des Verfassers:

Dr. HERBERT KALTOFEN
Institut für Grünland- und Moorforschung Paulinenaue
der Deutschen Akademie der Landwirtschaftswissenschaften zu Berlin
1551 Paulinenaue

Eberhard Vetterlein

Gedanken zu Teilmodellen der Wasserversorgung von Pflanzenbeständen aus dem Boden
(Diskussionsbeitrag)

Als Forderungen für die Erstellung von Teilmodellen der Wasserversorgung von Pflanzenbeständen aus dem Boden können gelten:

1. Das Teilmodell muß so gestaltet werden, daß es in ein Gesamtmodell der Ertragsbildung eingepaßt werden kann.
2. Die Aussagefähigkeit des Modells muß für die Projektierung und Steuerung von Wasserregulierungsmaßnahmen praktisch anwendbar sein.
3. Es hat auf solchen Grundlagen aufzubauen, die bekannt sind bzw. deren Lösung möglich erscheint.

Aus diesen Forderungen lassen sich mehrere Varianten von Teilmodellen der Wasserversorgung von Pflanzenbeständen aus dem Boden herleiten. Einschränkend sei jedoch darauf hingewiesen, daß es bei jeder dieser Varianten eine Reihe problematischer Fragen und offener Probleme gibt. In den letzten Jahren sind in der Fachliteratur mehrere Arbeiten erschienen, die Modelle der Wasserversorgung von Pflanzenbeständen zum Gegenstand haben (z. B. Cowan u. Milthorpe, 1965; Gardner, 1964; Hallaire, 1967; Rijtema, 1961; Sudnitzin, 1968; Visser, 1963; Woo, Boersma u. Stone, 1966). Auf diese Arbeiten wird nicht eingegangen. Es werden ausschließlich verschiedene prinzipielle Möglichkeiten der Modellierung der Wasserversorgung von Pflanzenbeständen aufgezeigt:

1. Teilmodell der Wasserversorgung von Pflanzenbeständen nach Grenzwerten, besonders Minimumwerten der Bodenfeuchtigkeit
– Grenzwertmodell –

Bei diesem Modell interessiert primär nicht die Menge des von den Pflanzen aufgenommenen Wassers, sondern die Kennzeichnung jener Bodenfeuchtigkeitsgehalte bzw. Saugspannungswerte, bei der die Wasserversorgung der Pflanzen nicht mehr optimal gewährleistet ist. Es könnten verschiedene Versorgungsstufen unterschieden werden.

Notwendig für die Erstellung eines solchen Modells sind folgende Kenntnisse:

1. Kenntnis der Beziehungen zwischen Bodenfeuchtigkeitsgehalten bzw. Saugspannungswerten und Pflanzenertrag in verschiedenartigen Böden, bei unterschiedlichen Kulturpflanzen, unterschiedlichen Entwicklungsstadien und unter Berücksichtigung des Klimas
2. Kenntnis der Wassergehalte bzw. Saugspannungswerte der Bodenfeuchtigkeit im Profil bzw. in ausgewählten Bodenschichten durch Messungen, evtl. auch unter Zuhilfenahme von Berechnungsverfahren der Bodenfeuchtigkeit, z. B. aus klimatischen Daten

In diese Kategorie fallen sämtliche Verfahren der Steuerung von Wasserregulierungsmaßnahmen auf Grund von Bodenfeuchtigkeits- bzw. Saugspannungsmessungen, teilweise unter Hinzuziehung von Klimadaten. Auch Berechnungen der Gesamtverdunstung aus meteorologischen Größen, die schließlich dazu dienen, den Termin für die Erreichung eines bestimmten Schwellenwertes der Bodenfeuchtigkeit zu ermitteln, fallen in diese Gruppe der Schwellenwertmodelle. Für die Fixierung von Schwellenwerten der Bodenfeuchtigkeit dienen häufig Erfahrungswerte. Dieses Verfahren dürfte heute und wohl auch in näherer Zukunft – in verschiedenen Variationen – die weiteste Anwendung finden.

2. Teilmodell der Wasserversorgung von Pflanzenbeständen zur Kennzeichnung mittlerer und extremer Wasserversorgungsverhältnisse auf bestimmten Standorten – Standortmodell –

Dieses Modell basiert auf langfristigen stationären Bodenfeuchtigkeitsmessungen auf bestimmten Standorten. Es dient nicht unmittelbar der Steuerung, sondern der Projektierung von Wasserregulierungsmaßnahmen. Es weist den Grad der Notwendigkeit bzw. Würdigkeit der Durchführung bestimmter Wasserregulierungsmaßnahmen aus. Grundgedanke dieses Modells ist die Kennzeichnung der Bodenfeuchtenormale im Sinne von OLBERTZ bzw. von Typen des Wasserregimes der Böden.

Für die Herleitung quantitativer Aussagen ist die Kenntnis folgender Verhältnisse notwendig:

1. mittlerer und extremer Verlauf der Wasservorratsänderungen im Boden
2. mittlere und extreme Niederschlagsverhältnisse
3. mittlerer und extremer Verlauf von Sickerwasserverlusten oder der Gesamtverdunstung
4. Anteil der Evaporation an der Gesamtverdunstung

Solche „Standortsmodelle“ können auch als „Schwellenwertmodelle“ für mittlere und extreme Witterungsverhältnisse, evtl. auch unter Verwendung klimatologischer Parameter, besonders der Gesamtverdunstung, zur

Kennzeichnung mittlerer und extremer „Schwellenwert"-Verhältnisse aufgebaut werden.

3. Bilanzierungsmodell der Wasserversorgung von Pflanzenbeständen

Besteht die Aufgabe – beispielsweise aus der Konzeption des Gesamtmodells resultierend – für kürzere Zeitabschnitte, z. B. Tage, die Menge der Wasserausschöpfung aus dem Boden durch die Pflanzenwurzel modellmäßig zu erfassen, so kann das auf dem Wege einer fortlaufenden Bilanzierung der entsprechenden Wasserhaushaltsgrößen – vorausgesetzt, daß diese bekannt, meßbar oder hinreichend genau abschätzbar sind – geschehen.
Dieses Modell würde also eine ständige fortlaufende Bilanzierung auf der Grundlage der bekannten Wasserhaushaltsgleichung beinhalten. Nach dieser Gleichung kann die Wasserabgabe aus dem Boden infolge Desuktion als Funktion der übrigen Wasserhaushaltsgrößen dargestellt werden, nämlich:

$$T = + E + V \pm \Delta W - N^+ = 0 .$$

N^+ bedeutet die Wasserzufuhr zum Boden (Niederschlag minus Interzeption), V = Versickerung, E = Evaporation, ΔW = Wasservorratsänderung.
Die Transpiration ist also funktionell mit den übrigen Wasserhaushaltsgrößen verknüpft. Sie wirkt im Zusammenhang mit den bodenhydrologischen Größen weitgehend als unabhängige Veränderliche und wird im wesentlichen gesteuert durch die Strahlung und andere meteorologische Faktoren. Erst wenn der Wasservorrat des Bodens einschließlich der Wassernachlieferung nicht mehr zur Deckung der Desuktion ausreicht, wirkt die Bodenfeuchtigkeit steuernd auf die Desuktion.
Es könnte an Hand eines solchen Modells festgestellt werden, wann eine für ein optimales Pflanzenwachstum geforderte Desuktionswassermenge nicht mehr bereitgestellt werden kann. Da die einzelnen Größen der Wasserhaushaltsgleichung alle nur mit mehr oder weniger hohen Fehlern gemessen bzw. abgeschätzt werden können, dürfte ein solches Modell mit einem relativ hohen Gesamtfehler behaftet sein. Würden wir uns aber – um gröbere Fehler zu vermeiden – auf den Ausschöpfungsgrad des Bodenwassers orientieren, dann würde sich dieses Modell auf das zuerst genannte Grenzwertmodell reduzieren, und es brauchte nur die Bodenfeuchtigkeit selbst gemessen zu werden.

4. Wassertransportmodell der Wasserversorgung von Pflanzenbeständen auf der Grundlage der Diffusivitätsgleichung des Bodenwassertransportes

In der Entwicklung dieses Modells besteht eine weitere Möglichkeit der modellmäßigen Erfassung der Dynamik der Wasserdesuktion aus dem Boden.
Diese Diffusivitätsgleichung lautet für eindimensionalen Wasserfluß

$$\frac{\partial \theta}{\partial t} = \frac{\partial}{\partial z}(D_\theta \frac{\partial \theta}{\partial z}) \pm \frac{\partial k_\theta}{\partial z}$$

oder für zylindrische Geometrie und radialen Wasserfluß mit m Dimensionen

$$\frac{\partial \theta}{\partial t} = r^{-(m-1)} \frac{\partial}{\partial r}(D_\theta r^{m-1} \frac{\partial \theta}{\partial r}).$$

Zur Lösung dieser Gleichung muß die Diffusität D und die kapillare Leitfähigkeit k als Funktion des Wassergehaltes θ oder der Saugspannung φ bekannt sein. Hierin liegt auch die Schwierigkeit für die Anwendung eines solchen Modells, da die genannten Beziehungen im allgemeinen nicht genügend bekannt sind. Es ist jedoch mit Sicherheit zu erwarten, daß sich im Laufe der nächsten Jahre unsere Kenntnis über die entsprechenden Zusammenhänge wesentlich erweitern wird.
Ein solches Modell könnte z. B. in folgender Weise an Hand eines Modell-Bodenprofils entwickelt werden: Entsprechend der Durchwurzelungsintensität einzelner Bodenschichten wird das Modell-Bodenprofil von strangförmigen Wassersenken unterschiedlichen Abstandes durchsetzt, auf die das Wasser in radialer Richtung hinströmt. Aus tieferen Bodenschichten strömt das Wasser in eindimensionalem Fluß in Richtung der durchwurzelten Oberschicht des Bodens – im Modell dargestellt durch die Senkenschicht – nach. Senkrecht eindringende Sickerwässer durchfeuchten mehr oder weniger tiefgreifend die Senkenschicht und führen zu einem entsprechend hohen Anstieg des radialen Wasserflusses zu den innerhalb der Durchfeuchtungszone liegenden Senken. Ein solches Wassertransportmodell dürfte die tatsächlichen Wassernachlieferungsprozesse zur Pflanzenwurzel am besten widerspiegeln und die tiefreichendsten Einblicke in die Dynamik der Wasserversorgung von Pflanzenbeständen gewähren. Es kann z. B. auch solche Fragen beantworten, welche Wassermengen aus tiefer liegenden Bodenschichten bzw. von einem Grundwasserspiegel in bestimmter Tiefe durch aufwärts gerichteten Wassertransport nachgeliefert werden, bzw. wie tief ein Grundwasserspiegel liegen muß, um eine bestimmte Nachlieferungsrate zu gewährleisten.

Die Entwicklung und Programmierung derartiger Modelle erfordert verständlicherweise einen relativ hohen mathematischen Aufwand.

5. Hydratur-Schwellenwertmodell

Dieses Modell, in dem bestimmte Funktionen der Pflanze selbst, z. B. bestimmte Hydraturverhältnisse, als Kriterium für die Wasserversorgung aus dem Boden verwendet werden, sei als letzte Variante des Schwellenwertmodells der Wasserversorgung von Pflanzenbeständen kurz erwähnt. Für die Entwicklung eines solchen Hydratur-Schwellenwertmodells müßten jedoch entsprechende Beziehungen zwischen bestimmten Pflanzenfunktionen und den Bodenfeuchtigkeitsverhältnissen unter Berücksichtigung klimatischer Faktoren bekannt sein.

Nach Darstellung dieser Auswahl von Möglichkeiten der Modellierung der Wasserversorgung von Pflanzenbeständen aus dem Boden sei folgende Einschätzung gestattet:
Für die praktische Nutzanwendung zur Steuerung von Wasserregulierungsmaßnahmen wird das an erster Stelle genannte Modell der Steuerung nach Bodenfeuchtigkeitsgrenzwerten in Verbindung mit klimatischen Parametern als das erstrebenswerteste Nahziel gehalten. Es käme hierbei darauf an, leistungsfähige, einfach zu handhabende selbstregistrierende Bodenfeuchtigkeitssensoren zu entwickeln sowie die Kenntnis der Zusammenhänge zwischen Bodenfeuchtigkeitsgehalt und Pflanzenwachstum unter Berücksichtigung des Klimas, der Pflanzenart und des Entwicklungsstadiums der Pflanzen weiter zu klären. In Verbindung mit letztgenannten Arbeiten sollten auch in gewissem Umfange zielgerichtete Erkundungs- und Grundlagenforschungen zur Entwicklung eines Hydratur-Schwellenwertmodells möglichst in kooperativer Zusammenarbeit mit anderen Institutionen angestrebt werden.
Weiterhin wird es für notwendig gehalten, die Kennzeichnung der Wasserregime wichtiger Bodenformen voranzutreiben. Erst auf dieser Grundlage ist eine begründete Aussage über den zweckmäßigsten Einsatz von Wasserregulierungsmaßnahmen möglich, nicht nur im Hinblick auf Ent- und Bewässerungsmaßnahmen, sondern vielmehr auch im Hinblick auf eine bessere Ausnutzung des natürlichen Wasserdargebotes. In diesem Zusammenhang ist anzustreben, zu Modellen des Wasserregimes von Standorten zu gelangen.
Schließlich sollten die Arbeiten zur Entwicklung von Wassertransportmodellen als Fernziel fortgeführt werden. Es erscheint notwendig, im Hinblick auf das internationale Interesse an diesem Problem alle Möglichkeiten der kooperativen Zusammenarbeit, vor allem mit der Sowjetunion, zu nutzen.

Zusammenfassung

Verschiedene Möglichkeiten zur Modellierung der Wasserversorgung von Pflanzenbeständen aus dem Boden werden kurz umrissen:
1. Teilmodell der Wasserversorgung nach Grenzwerten, besonders Minimumwerten der Bodenfeuchtigkeit. Bei diesem Teilmodell interessiert ausschließlich der Grad der Ausschöpfung des pflanzenverfügbaren Wassers. Die Kenntnis der Bodenfeuchtigkeitsgehalte oder Saugspannungswerte der Bodenfeuchtigkeit bzw. der Hydratur der Pflanze als Maß für das Erreichen bestimmter kritischer Bereiche der Wasserversorgung der Pflanzen aus dem Boden ist hierfür erforderlich.
2. Teilmodell der Wasserversorgung auf der Grundlage der Bilanzierung der Wasserzu- und -abgänge sowie der Wasservorratsänderungen im Boden. Derartige Bilanzierungsmodelle erfordern die Kenntnis der entsprechenden Wasserhaushaltsgrößen und können sowohl zur Kennzeichnung mittlerer Wasserversorgungsverhältnisse (Standortmodelle) als auch zur Kennzeichnung des aktuellen Wasserhaushaltes aufgebaut werden.
3. Teilmodell der Wasserversorgung durch Modellierung der Wassertransportverhältnisse zur Pflanzenwurzel auf der Grundlage der kapillaren Leitfähigkeits- und Diffusivitätsverhältnisse der Bodenfeuchtigkeit.
Auf problematische Fragen wird kurz hingewiesen.

Резюме

Название работы: О частичных моделях обеспечения посевов влагой из почвы

Коротко описываются различные возможности моделирования обеспечения посевов влагой из почвы:
1. Частичные модели обеспечения влагой по предельным величинам, особено по минимальным величинам влажности почвы. В этой частичной модели интересует только степень использования доступной для растений влаги. Для этого необходимо знание влажности почвы, или величины сосущей силы, или гидратуры растений как меры достижения определенных критических пределов обеспечения растений влагой из почвы.
2. Частичные модели обеспечения влагой на основе балансирования прихода и расхода влаги, а также изменений запасов влаги в почве. Для таких моделей балансов необходимо знание соответствующих величин водного режима; эти модели могут быть построены как для характеристики средних условий обеспечения влагой (модели местопроизрастаний), так и для характеристики актуального водного режима.

3. Частичные модели обеспечения влагой путем моделирования условий передвижения влаги к корням растения на основе условий капиллярной проводности и условий диффузности влаги почвы. Коротко рассматриваются проблематичные вопросы.

Summary

Title of the paper: Ideas on partial models of the water supply of plant stands

Various possibilities of modelling the water supply of plant stands from the soil are briefly outlined:
1. Partial model of water supply according to threshold values, above all to minimum values of soil moisture. In case of this partial model emphasis is laid exclusively on the degree to which the plant-available water of the soil is utilized by the plants. Therefore it is necessary to know the soil moisture contents or the values of soil moisture suction or the hydrous condition of the plant as the degree to which certain critical values of the water supply of plants from the soil are reached.
2. Partial model of water supply on the basis of balancing the water increase and loss as well as of changes in the water reserve of the soil. Such balancing models are based on the knowledge of the respective coefficients of water economy and may be set up to characterize both the mean water supply relations (site models) and the actual water economy.
3. Partial model of water supply through modelling of the water transport relations to the plant root on the basis of the relations of capillary conductivity and diffusity of soil moisture.
Problematic questions are briefly outlined.

Literatur

Cowan, I. R.; Milthorpe, F. L.: Physiological responses in relation to the environment within the plant cover. First Internat. Symp. Ecosyst. UNESCO, Kopenhagen, 1965, Paper Nr. 5, S. 1–47

Gardner, W. R.: Relation of root distribution to water uptake and availability. Agric. J. 56 (1964), S. 41–45

Hallaire, M.: Mecanisme et rythme du dessechement du sol. Proc. Internat. Soil-Water-Symp., Prag, 1967, Bd. 1, S. 17–34

Rijtema, P. E.: Evapotranspiration in relation to suction and capillary conductivity. Proc. Madrid Symp. Plant-Water-Relationships 1961, S. 99–106

Sudnitzin, I. I.: Quantitative model of moisture flow in the plant-soil system. Verh. Internat. Bodenkd. Gesellsch. 1968 (Australien), Bd. 1, S. 47–55

VISSER, W. C.: The moisture consumption of plants described as an hydrological phenomen. Proc. Symp. „Water Stress in Plants", Prag, 1963

WOO, K. B.; BOERSMA, L.; STONE, L. N.: Dynamic simulation model of the transpiration process. Water Resources Res. 2 (1966), S. 85–97

Anschrift des Verfassers:

Dr. EBERHARD VETTERLEIN
Institut für Bodenkunde Eberswalde
der Deutschen Akademie der Landwirtschaftswissenschaften zu Berlin
13 Eberswalde, Schicklerstraße 3

Kurt Unger

Zur Aufstellung von Modellen der Stoffproduktion und Reaktionsnorm von Kulturpflanzen

1. Entwicklung eines komplexen Systems von Modellen der pflanzlichen Produktion

Die zunehmende Industrialisierung der landwirtschaftlichen Produktion erfordert auch die Ausarbeitung von komplexen Systemen von Modellen der pflanzlichen Produktion. Ein solches System von Modellen wird auf die wichtigsten Zielgrößen ausgerichtet werden müssen, die eine Optimierung der pflanzlichen Produktion zulassen. Eine Steigerung des Ertrages kann dabei einmal dadurch erfolgen, daß die Umweltfaktoren für die pflanzliche Produktion möglichst in ein Optimum gebracht werden, oder zum anderen können die Pflanzen selbst durch züchterische Eingriffe so verändert werden, daß eine Erhöhung der Leistung erfolgt.
In diesem komplexen System von Modellen der pflanzlichen Produktion müssen drei Teilsysteme berücksichtigt werden:
1. Teilsysteme von Modellen, die auf die abstrakte Erfassung und Darstellung der für die Prozeßführung notwendigen Größen der Anbautechnik hinzielen. Sie enthalten z. B. Modelle über den Nährstoffvorrat in den Böden, Modelle des Wasservorrates in den Böden und Abstrahierungen von Prozeßgrößen der Bodenfruchtbarkeit, die auf die Ertragsbildung einen wesentlichen Einfluß haben und insbesondere durch agrotechnische Maßnahmen gesteuert werden können.
2. Teilsysteme von Modellen, die darauf hinzielen, über die Veränderungen der genetischen Konstitution der Pflanzen zu optimalen Zuchtverfahren zu kommen.
3. Teilsysteme von Modellen über die Stoffproduktion und Reaktionsnorm der Kulturpflanzen zur Entwicklung von Kontrollsystemen für die Optimierung über die Prozeßführung in der Anbautechnik und für die Optimierung der Zuchtverfahren durch die Modellierung der Leistung der Pflanzen. Diese Kontrollsysteme liefern Modelle, die einerseits Aussagen über die Nutzung der Leistungsfähigkeit der Kulturpflanzen und andererseits Aussagen über die Reaktionssnorm der Kulturpflanzen zulassen. Stets können durch diese Kontrollsysteme die optimierungsfähigen Teilsysteme der pflanzlichen Produktion überprüft werden. Die Leistung und der Ertrag der Kulturpflanzen sind so die Prüfgröße und der Abschluß

aller Arbeiten hinsichtlich der Verbesserung der Anbautechnik und der Züchtung neuer hochleistungsfähiger Kulturpflanzen. Damit wird die besondere Bedeutung der Entwicklung von Modellen über die Stoffproduktion und Reaktionsnorm von Kulturpflanzen deutlich.

2. Bemerkungen zur Entwicklung von Modellen der Stoffproduktion und Reaktionsnorm von Kulturpflanzen

Betrachten wir die Pflanzen als ein biologisches System in Abhängigkeit von der Umgebung und ihrer genetischen Konstitution, so wird eine Modellvorstellung zunächst eine Arbeitshypothese darstellen. Dabei ist wieder das Wort Modell ein vielgebrauchtes, ja vieldeutiges Wort. Wir verstehen hier unter Modell eine begriffliche Erfassung des betreffenden Sachverhaltes, der mit der Systembeschreibung verbunden ist, so daß beispielsweise die Abhängigkeit zwischen verschiedenen Größen, dem Ertrag, der Umwelt, der genetischen Konstitution oder auch das zeitliche Verhalten des Systems in mathematisch-physikalischer Weise beschrieben werden kann.

Es stehen uns nun heute eine ganze Reihe von Möglichkeiten solcher modellmäßigen Darstellungen zur Verfügung (RUBENS u. WOLTER, 1969), und der Sinn aller dieser Modelle ist es, die Überschaubarkeit eines komplizierten, durch viele miteinander verbundene Größen bedingten Vorganges oder Sachverhaltes zu finden. Dabei möchte ich mich auf jene Modelle beschränken, die man als abstrakte Modelle bezeichnen kann. Hier sei nur auf drei wesentliche Typen modellmäßiger Darstellung hingewiesen, die für die Erfassung des pflanzlichen Systems besonders wichtig sind.

1. Die für die Zukunft wichtigste Art von Modellen beruht wohl darauf, daß bestimmte allgemeine physikalische Prinzipien für die Modellbildung verwendet werden, z. B. der Energiesatz, der Satz von der Massenerhaltung, der Entropiesatz und Kenntnisse über Reaktionskinetik sowie kybernetische Vorstellungen (siehe auch UNGER, 1968; LOCKER, 1968; GRODZINSKIJ, 1968; RASCHKE, 1968; CHARTIER, 1968; SLAVIK, 1968; STREBEYKO, 1968; UNGER, CLAUS u. GRAU, 1968; FUKSCHANSKI, 1968; MOSCHKOW, PUMPJANSKAJA u. FUKSCHANSKI, 1968). Dieses Prinzip der Modellbildung sei am Beispiel des Energie- und Wasserhaushaltes von Kulturpflanzen erläutert.

2. Simulationsmodelle sind besonders wichtig für die Nachbildung zeitlich ineinandergreifender Vorgänge, wobei gewisse Gleichungssysteme, z. B. Differentialgleichungs- oder Differenzengleichungssysteme für die Durchrechnung auf leistungsfähigen Computern zugrunde gelegt werden. Durch die Entwicklung von Rechenautomaten mit großer Speicherkapazität besteht die Möglichkeit, die für die Produktivität und Ertragsbildung der Pflanzen wesentlichen Prozesse miteinander zu verknüpfen und sie auf

einen Computer zu simulieren. Es muß aber betont werden, daß solche Simulationsmodelle nur auf sehr hochleistungsfähigen Analog- oder Digitalrechnern programmiert werden können (siehe DE WIT u. BROUWER, 1968; MONSI, 1968).

3. Jene Modelle, die für die Beschreibung eines pflanzlichen Systems anwendbar sind und dabei besonders die mathematisch-statistischen Methoden benutzen, bezeichnen wir als biometrische Modelle. Mit diesen Modellen wird außerdem eine Reduktion der Daten auf wenige Parameter und die Vergleichbarkeit verschiedener Versuchssituationen ermöglicht (siehe auch VON BOGUSLAWSKI, LIMBERG u. SCHNEIDER, 1963; UNGER, 1966; CLAUS u. UNGER, 1965, 1968; VISSER, 1968). Diese Form der Abstrahierung wird hier am Beispiel der in der Biophysikalischen Abteilung des Instituts für Pflanzenzüchtung Quedlinburg entwickelten biometrischen Modelle vorgestellt und schließlich einige Darstellungen von unterschiedlichen Reaktionsweisen von Idiotypen gegeben.

3. Zur Aufstellung eines physikalischen Modells des Energie- und Wasserhaushaltes von Kulturpflanzen

Als Beispiel der Aufstellung eines Modells nach physikalischen Prinzipien sollen einige Modelluntersuchungen zum Energie- und Wasserhaushalt von Kulturpflanzen erläutert werden, die in den letzten Jahren in der Biophysikalischen Abteilung des Instituts für Pflanzenzüchtung Quedlinburg durchgeführt wurden.

Bei Produktivitätsuntersuchungen von ganzen Pflanzenbeständen, die am natürlichen Standort aufwuchsen, wurde deren Gesamtmasse radiometrisch gemessen (UNGER, 1959, 1963). Die erwähnte radiometrische Meßmethode beruht auf der bekanten Tatsache, daß sich die Intensität einer Gamma-Strahlung vermindert, wenn die Strahlung eine Masse durchdringt. Dieser Schwächungsvorgang ist von der Ausgangsimpulsrate der Strahlungsquelle, dem Schwächungskoeffizienten der Biosubstanz und deren Dichte und Dicke abhängig. Die in Quedlinburg aufgebauten Meßeinrichtungen sind von UNGER (1968) im einzelnen beschrieben worden.

Die Messung der Biosubstanz zeigt, daß der Wasserzustand der Pflanzen im hohen Maße die Gesamtmasse des Bestandes beeinflußt, wobei der Wasserzustand der Pflanzen selbst wiederum stark von den Umweltbedingungen abhängt. Die meist in den Nächten erreichte Wassersättigung der Pflanzenbestände ergibt einen charakteristischen Wert der Biosubstanz, auf Grund dessen eine enge Beziehung zur Produktivität des Bestandes aufgestellt werden kann. Einen typischen zeitlichen Verlauf der Veränderung der Gesamtmasse eines Pflanzenbestandes zeigt Abbildung 1. Die drei untersuchten Kohlpopulationen haben eine gleichmäßige Zunahme der Gesamtmasse während des dargestellten Vegetationsabschnittes

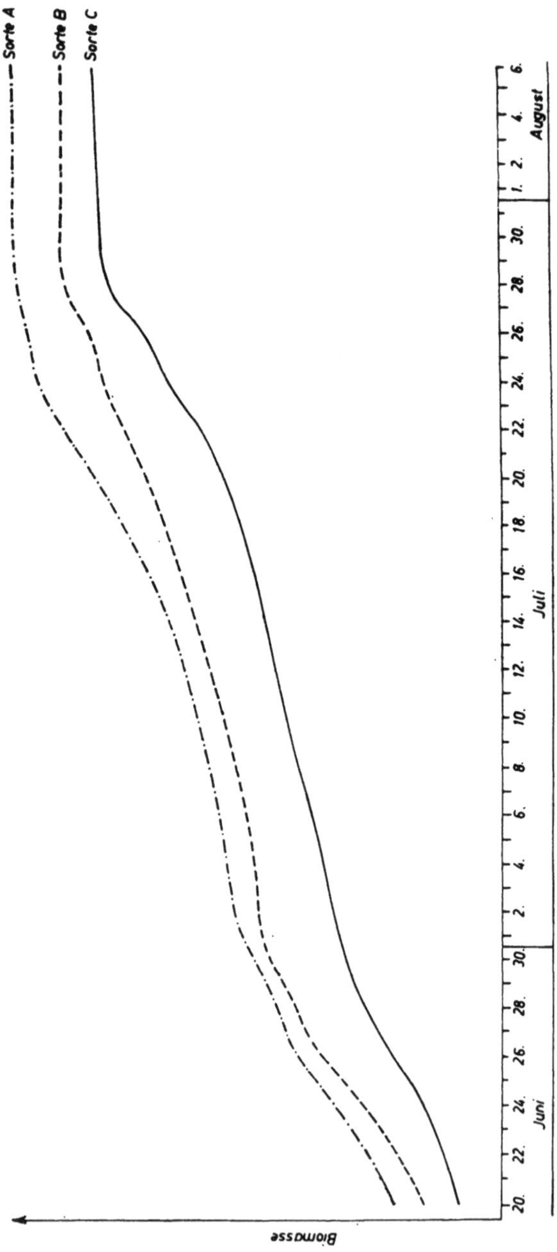

Abb. 1: Biomassezunahme von drei Kopfkohlsorten (Pflanzenbestände)

im Jahre 1968. Die Veränderungen der Biomasse, die sich im Laufe des Tages ergeben, sind in Abbildung 2 für die Tage vom 1. 7. bis zum 4. 7. 1968 zu erkennen.

Die gezeigten Kurven beschreiben offensichtlich Vorgänge, die dadurch entstehen, daß sich dem Prozeß der Stoffbildung der Wasserzustand überlagert. Zur Charakterisierung des Wasserzustandes in Verbindung mit den Produktivitätsuntersuchungen an ganzen Pflanzenbeständen wurden von Unger, Claus und Grau (1968) Modelluntersuchungen zum Energie- und Wasserhaushalt von Kulturpflanzen bearbeitet. Mit dem folgenden Ansatz für ein Modell dieser Vorgänge besteht die Möglichkeit, die Überlagerung der Stoffbildung durch den Wasserhaushalt zu studieren.

Für die Änderung DM der gesamten Masse des Pflanzenbestandes in dem Zeitintervall DT gilt die Aufteilung

$$DM = DTM + DW$$

in die Änderung der Trockenmasse (DTM) und in die Änderung der Wassermasse (DW). Für diese Änderungen wird weiter angesetzt

$$DTM = CTM \quad SUM\,(NAR, FB) \quad DT$$
$$DW = (C1 \quad SUM1\,(WAG, FB) + C2 \quad SUM2\,(WAN, FWZ))\,DT.$$

Das heißt, die Änderung der Trockenmasse (DTM) ergibt sich bis auf die Konstante CTM als eine unter Berücksichtigung der Bestandsarchitektur über den Blattapparat zunehmende Summe der Nettoassimilationsrate (NAR). FB bedeutet die Blattfläche. Ganz entsprechend sind für die Wassermasseänderung (DW) die Summen $SUM1$ über die Wasserabgabe (WAG) und $SUM2$ über die Wasseraufnahme (WAN) zu interpretieren. WAG bzw. WAN bedeutet die auf die Zeit und Fläche bezogene Wasserabgabe bzw. Wasseraufnahme. FWZ bezeichnet die Fläche der (aktiven) Wurzeln. $C1$ und $C2$ sind Konstante.

Die Rückkopplung zwischen der erreichten Trockenmasse und den Blattflächen bzw. Wurzelflächen erfolgt gemäß den Gleichungen

$$DFB = FUNCT1\,(TM, \ldots)\;DT,$$
$$DWZ = FUNCT2\,(TM, \ldots)\;DT.$$

In diesen Funktionen, die die Verteilung der produzierten Masse mit umfassen, sind unter Umständen noch weitere Einflußgrößen zu berücksichtigen.

Für die Änderung der Gesamtmasse M des betrachteten Pflanzenbestandes, die mit dem Wasserhaushalt der Pflanzen verbunden ist, stellen WAN und WAG die kritischen Größen dar, deren Abhängigkeit von den Umweltbedingungen und den inneren Systemeigenschaften der Pflanzen zu untersuchen ist. Wie schon von Unger, Claus und Grau (1968) ausgeführt, lassen sich mit Hilfe der Thermodynamik irreversibler Prozesse

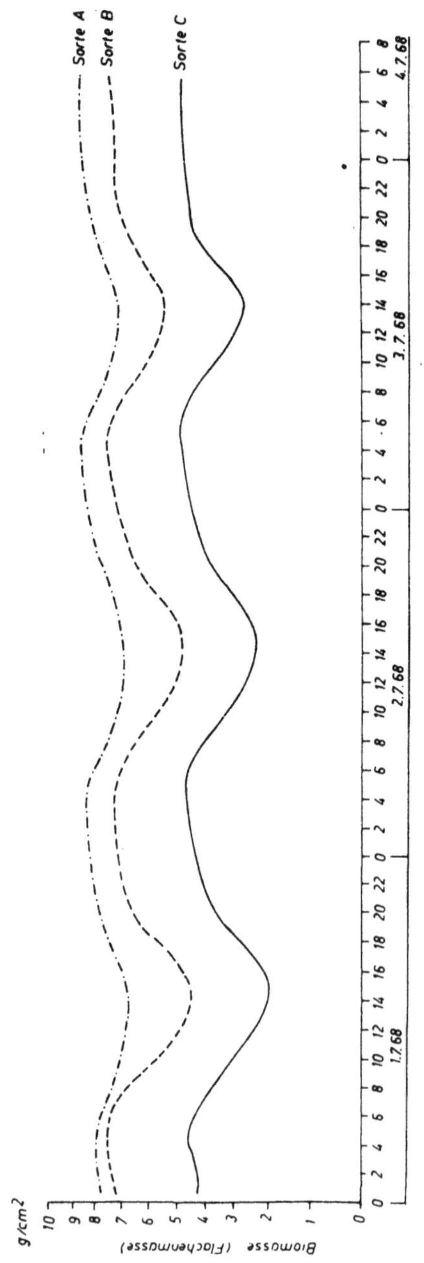

Abb. 2: Zeitliche Veränderung der Pflanzenmasse von Kopfkohlpflanzenbeständen vom 1.–4. 7. 1968

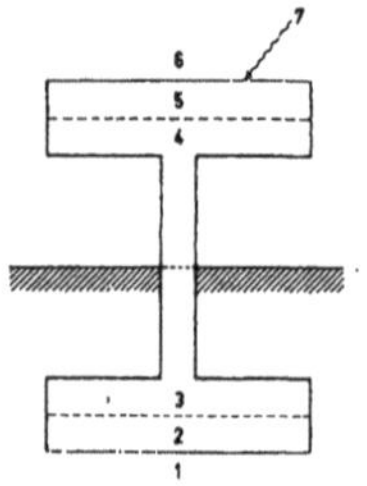

Abb. 3: Teilsysteme einer vereinfachten Modellpflanze

unter gewissen vereinfachenden Annahmen Differentialgleichungen für den Wassertransport durch eine Pflanze gewinnen. Dazu wird die Pflanze in verschiedene Teilsysteme eingeteilt (Abb. 3) und der Wassertransport über die Grenzflächen dieser Teilsysteme studiert (diskontinuierliche thermodynamische Systeme).

Danach ergeben sich beispielsweise für das Teilsystem (5) – und damit insbesondere für den Übergang des Wassers aus der Pflanze in die Atmosphäre – folgende linearisierte und für die vorliegende Betrachtung vereinfachte Differentialgleichungen:

$$\begin{aligned}
\dot{M}_5^{(1)} &= \dot{M}_{5,6}^{(1)} + \dot{M}_{5,4}^{(1)} \\
\dot{M}_{5,6}^{(1)} &= a_c^{(5,6)} \left(c_5^{(1)} - c_{5,s}^{(1)}\right) + a_x^{5,6} \left(x_6 - x_{6,s}\right) + a_{M,T}^{(5,6)} \left(T_5 - T_6\right) \\
\dot{M}_{5,4}^{(1)} &= a_c^{(5,4)} \left(c_5^{(1)} - c_4^{(1)}\right) + a_{M,T}^{(5,4)} \left(T_5 - T_4\right) \\
k_Q^{(5)} \cdot \dot{T}_5 &= \overset{''}{\overline{Q}}{}^{(5,6)} \dot{M}_{5,6}^{(1)} + \overset{''}{\overline{Q}}{}^{(5,4)} \dot{M}_{5,4}^{(1)} + a_T^{(5,6)} \left(T_5 - T_6\right) \\
&\quad + a_T^{(5,4)} \left(T_5 - T_4\right) + E_{Str}^{(5,7)} \\
k_Q^{(5)} &= \left(M_5^{(1)} + M_5^{(2)}\right) c_Q^{(5)}, \quad c_5^{(1)} = \frac{M_5^{(1)}}{M_5^{(1)} + M_5^{(2)}}
\end{aligned}$$

In diesen Gleichungen bezeichnet

$M_5^{(1)}$ die Masse des Wassers im Teilsystem 5,
$M_{5,6}^{(1)}$, $M_{5,4}^{(1)}$ die über die Grenzflächen (5, 6) bzw. (5, 4) ausgetauschten Wassermassen,
$M_5^{(2)}$ die Masse des (im Sinne der Modellvorstellung) gelösten Stoffes,
c_5, c_4 die Konzentrationen im Teilsystem 5 bzw. 4,
$c_{5,s}$ die Sättigungskonzentration,
x_6 den Feuchtegehalt im Teilsystem 6,
$x_{6,s}$ den Sättigungswert der Feuchte,
T_5, T_6 die Temperaturen in den Teilsystemen 5 und 6,
$\overset{''}{\overline{Q}}{}^{(5,6)}$, $\overset{''}{\overline{Q}}{}^{(5,4)}$ Überführungswärmen,
$E_{Str}^{(5,7)}$ Strahlungsumsatz am Teilsystem 5 durch Einstrahlung vom Teilsystem 7,
$k_Q^{(5)}$ die Wärmekapazität des Teilsystems 5,
$c_Q^{(5)}$ die spezifische Wärme des Teilsystems 5,
die Größen a sind Konstante.

Aus den aufgeführten Differentialgleichungen können die folgenden Beziehungen für das aufgestellte Modell gewonnen werden, nachdem die entsprechenden Austauschgrößen auf die Fläche bezogen wurden:

$$\begin{aligned}
WAG &= CW1\ (W/M - WQMAX) + CW2\ (XL - XLS) \\
&\quad + CW2\ (TB - TL) \\
DTB &= (Q1\ WAG + Q2\ (TB - TL) + Q3\ STRU)/QK\ DT \\
QK &= FUNCT3\ (M, \ldots)
\end{aligned}$$

Analoge Überlegungen führen auf Gleichungen für WAN.
In diesen Gleichungen wurde der auf die Fläche und die Zeit bezogene Wasseraustausch mit WAG identifiziert, W/M mit c_5, XL mit x_6, XLS mit $x_{6,s}$, T_5 wird als Blattemperatur TB aufgefaßt und T_6 als Lufttemperatur. $STRU$ entspricht dem auf die Fläche bezogenen Strahlungsumsatz $E_{Str}^{(5,7)}$.
An diesem Beispiel zur Aufstellung eines Modells des Energie- und Wasserhaushaltes ist aber auch zu erkennen, wie außerordentlich wichtig es ist, noch weitere Teilsysteme in gleicher Weise zu abstrahieren, um einen Einblick in die Ertragsbildung der Kulturpflanzen zu gewinnen. Für eine solche Verknüpfung und Vernetzung von Teilsystemen und einzelner für die Leistung der Pflanzen wesentliche Prozesse ist die Simulationstechnik auf großen Rechenautomaten von grundlegender Bedeutung. Nachfolgend wird auf diese Probleme näher eingegangen.

4. Zur Aufstellung von Simulationsmodellen

Durch die Entwicklung hochleistungsfähiger Rechenautomaten mit großer Speicherkapazität besteht die Möglichkeit, die für die Produktivität und die Ertragsbildung der Pflanzen wesentlichen Prozesse miteinander zu verknüpfen und sie auf einem Computer zu simulieren. An der Entwicklung solcher Simulationstechniken wird im internationalen Rahmen z. Z. intensiv gearbeitet.
Als Beispiel sei auf die Simulationsmodelle verwiesen, die von Monsi (1968) entwickelt wurden und im wesentlichen das Ziel haben, die Funktion der Biomasseproduktion auf Grund eines photosynthetischen und nichtphotosynthetischen Systems zu beschreiben.
Ein entsprechender Versuch wurde von De Wit und Brouwer (1968) auf Grund eines Strukturmodells für die Simulation der Biomasseproduktion entwickelt, das von den Verfassern als ELCROS-Modell bezeichnet wird (Elementary Crop Growth Simulation). Dieses quantitative Modell besteht aus einem Satz von Mengen- und Ratengleichungen, in dem die wesentlichsten Teilsysteme für die Biomasseproduktion vielfach miteinander vernetzt werden. Bei der Aufstellung des Strukturmodells berücksichtigten die Verfasser u. a. die Abhängigkeit der Photosynthese und der Respiration von der Umwelt, die Wirkung der Lichtverteilung im Pflanzenbestand, die Zuwachsrate der oberirdischen Organe einschließlich der Wachstumsintensität der Blätter, die Abhängigkeit des Wurzelwachstums von der Bodentemperatur und weitere experimentell faßbare Zusammenhänge der genannten Teilsysteme. Die Berechnung derart umfangreicher Systeme schafft natürlich besondere Probleme, die nur schrittweise gelöst werden können. Als sinnvoll erwies es sich, die Zeitintervalle für die Simulation der Zunahme der Biomasse sehr klein

zu halten. Diese Bedingung wird beim Simulieren des Wachstums eines Pflanzenbestandes erfüllt, wenn die Zeit in Intervallen von einer Stunde fortschreitet.
Auch die generative Entwicklung der Pflanzen muß in den Simulationsmodellen berücksichtigt werden. Erste Modellansätze über die generative Phase sind z. B. über photoperiodische Mechanismen ausgearbeitet worden (Fukschanski, 1968; Moschkov, Pumpjanskaja u. Fukschanski, 1968). Bei unseren Arbeiten in Quedlinburg zur Entwicklung von Simulationsmodellen sind wir davon ausgegangen, experimentell gut zu erfassende Teilsysteme aufzustellen, so daß die Simulation in erster Linie eine Analyse der unterschiedlichen Reaktion von Arten und Sorten auf die Umweltbedingungen erlaubt.

5. Anwendung biometrischer Modelle zur Analyse der Stoffproduktion und Reaktionsnorm von Kulturpflanzen

Biometrische Modelle und das mit ihnen verbundene Verfahren, unbekannte Parameter zu schätzen, können in zweierlei Hinsicht benutzt werden, die Untersuchung über die Analyse der Stoffproduktion und Reaktionsnorm von Kulturpflanzen voranzutreiben, nämlich erstens als methodisches Hilfsmittel, wenn es gilt, für die physikalischen Modelle oder die Simulationsmodelle die benötigten Differentialgleichungen zu bestimmen, und zweitens für die Beschreibung der Abhängigkeit der Zielgröße „Ertrag“ von den in der Vegetationsperiode abgelaufenen Umweltbedingungen.
Wird der zeitliche Verlauf der Masse M eines Pflanzenbestandes in seiner Abhängigkeit von dem Vektor V der betrachteten Umweltbedingungen durch eine Differentialgleichung

$$\dot{M} = f(M, V) \tag{1}$$

beschrieben, so besteht das Problem darin, die unbekannte Funktion f zu bestimmen, wenn die zeitlichen Verläufe der Masse M und die ihnen zugeordneten Verläufe des Umweltvektors V experimentell bekannt sind. Dabei sollten die entsprechenden experimentellen Meßreihen, die beispielsweise mit radiometrischen Methoden gewonnen werden können (Unger, 1959), so beschaffen sein, daß die einzelnen Meßpunkte in einem ziemlich geringen zeitlichen Abstand aufeinander folgen.
Das Prinzip, die unbekannte Funktion f aus den experimentell ermittelten Daten zu bestimmen, besteht darin, die Folge der Meßpunkte für die Masse M als Näherung einer Lösung der postulierten Differentialgleichung (1) zu interpretieren und zu versuchen, davon ausgehend eine möglichst gute Schätzung $\hat{f}$ für die unbekannte Funktion f innerhalb einer gewissen Klasse von Funktionen zu gewinnen.

Dazu wird die Funktion f nach der Größe M in eine Taylor-Reihe entwickelt, die für die vorliegenden Zwecke etwa nach der quadratischen Näherung abgebrochen wird. Es ergibt sich

$$\dot{M} = f_0(V) + M \cdot f_1(V) + M^2 \cdot f_2(V) + R. \tag{2}$$

R ist das Restglied der Reihe. Die auf diese Weise entstehenden Koeffizientenfunktionen f_0, f_1, f_2 werden ihrerseits nach geeigneten Basisfunktionen $(w_i(V), i = 1, 2, \ldots)$ des vektoriellen Argumentes V entwickelt.

$$f_k(V) = \sum_i \beta_{i\ k} \cdot w_i(V), \quad k = 0, 1, 2. \tag{3}$$

Der Index i durchläuft dabei die jeweils für den Ansatz gewählte Indexmenge. Werden die Beziehungen (3) in die Gleichung (2) eingesetzt, so ergibt sich ein biometrisches Regressionsmodell

$$y = x^T \cdot \beta + u, \tag{4}$$

dessen Parameter β geschätzt werden müssen. In diesem Modell bezeichnet y die jeweilige Masseänderung $\dot{M}$, x den zugeordneten, von den Umweltbedingungen V abhängenden Vektor der Regressionsvariablen und β den Vektor sämtlicher Koeffizienten aus Gleichung (3). An die Stelle des Restgliedes wird die zufällige Fehlergröße u in das biometrische Modell aufgenommen.

Werden sämtliche Versuchsergebnisse zum Schätzen der Parameter β herangezogen, so ergibt sich ausgehend von Gleichung (4) die allgemeine Regressionsgleichung

$$y = X \cdot \beta + u, \tag{5}$$

worin y den Vektor der sämtlichen Änderungsgrößen der Masse des Pflanzenbestandes bezeichnet, X die Matrix sämtlicher x-Größen, β den Vektor der unbekannten Parameter und u den Vektor der zufälligen Fehlergrößen. Die einfachste Voraussetzung über diesen Fehlervektor lautet

$$E(u) = 0, \quad E(u \cdot u^T) = \sigma^2 \cdot I \tag{6}$$

mit der Einheitsmatrix I entsprechend hoher Ordnung. Die zum Schätzen der Parameter notwendigen Normalgleichungen ergeben sich dann in der Gestalt

$$S \cdot \hat{\beta} = X^T \cdot y, \quad S = X^T \cdot X, \tag{7}$$

die nach dem Schätzvektor $\hat{\beta}$ aufzulösen sind. Neben einem geeigneten Lösungsalgorithmus für die Normalgleichungen, der es gestattet, auch singuläre oder fast singuläre Matrizen S zu bewältigen, und den Regressionsansatz (4) und damit die Ansätze (2) und (3) auf diejenigen Größen reduziert, die wesentlich in das Problem eingehen, ist auch ein Glättungsalgorithmus erforderlich, mit dessen Hilfe aus den experimentell ermittelten Werten M die Änderungen $\dot{M}$ berechnet werden können.

Mit einem solchen Lösungsalgorithmus gelingt es, ausgehend von den formalen Approximationsansätzen (2) und (3) für die Masse des Pflanzenbestandes der betrachteten Kulturpflanzensorte eine ganz individuelle Näherungsfunktion $\hat{f}$ zu berechnen, die sich den Werten des vorliegenden experimentellen Versuchsmaterials bestmöglich anpaßt.

Bei Simulationsstudien, die auf einem leistungsfähigen Digitalrechner mit der auf diese Weise bestimmten Differentialgleichung ausgeführt werden können, ist allerdings zu beachten, daß neben den unvermeidlichen Fehlern, die bei der numerischen Integration die Lösung modifizieren, auch noch die von der Schätzung der Funktion f herrührenden statistischen Fehler zu berücksichtigen sind. Genauigkeitsforderungen an das Endergebnis bedingen entsprechend hohe Genauigkeitsforderungen an die Zwischenergebnisse und an die Experimente.

Die zweite Art, biometrische Modelle für Produktivitätsuntersuchungen und zur Charakterisierung der Reaktionsnorm von Kulturpflanzensorten heranzuziehen, ist dann angezeigt, wenn Merkmale wie Masse (Erträge), Längen oder ähnliche an den Pflanzen gemessen werden und die Abhängigkeit dieser Merkmale von den veränderlichen Umweltbedingungen untersucht werden muß.

In diesem Zusammenhang sei auf zwei Varianten solcher biometrischer Modelle hingewiesen.

Wird als Zielgröße der Untersuchungen der Endertrag eines Pflanzenbestandes betrachtet, der von den Umwelteinflüssen eines ganzen, zurückliegenden Zeitabschnittes abhängend gedacht werden muß, so empfiehlt es sich, als biometrisches Modell die Ansätze zu verwenden, in denen gewisse Integrale über die die Umwelt charakterisierenden zeitlich veränderlichen Größen auftreten (Unger, 1963; Claus u. Unger, 1968). Mit diesen Modellen gelingt es nicht nur, eine Beziehung zwischen dem Endertrag und den zeitlichen Verläufen der Umweltbedingungen herzustellen, sondern auch durch die Integranden eine gewisse Kennzeichnung des Reaktionsvermögens der untersuchten Sorten zu erreichen.

Ähnliche biometrische Modelle können benutzt werden, um die Abhängigkeit bestimmter Wachstumsvorgänge bei Pflanzen von den Umweltbedingungen, insbesondere von der Strahlung, zu studieren. Als Zielgröße steht bei diesen Untersuchungen meistens eine zeitliche Folge von Meßwerten zur Verfügung.

Bezeichnet y die zu untersuchende Wachstumsgröße zum Zeitpunkt t, S die gesamte, den Pflanzen bis zu diesem Zeitpunkt gebotene Strahlung und V die übrigen, in die Betrachtung einbezogenen Umweltgrößen wie Temperatur, Feuchtigkeit, Windgeschwindigkeit usw., so lassen sich die Zusammenhänge, insbesondere das Reaktionsvermögen der betreffenden Sorte in bezug auf das untersuchte Merkmal y, mit dem folgenden biometrischen Modell sehr gut erfassen:

$$y = h_0(V) + h_1(V) \cdot S + h_2(V) \cdot S^2 + \cdots + u.$$

Werden die Funktionen $h_k(V)$, $k = 0, 1, 2, \ldots$ wie unter 5. nach vorgegebenen Basisfunktionen entwickelt, so entsteht eine allgemeine Regressionsgleichung, die in der schon beschriebenen Weise zu behandeln ist.
Mit der Funktion

$$\hat{y} = \hat{h}_0(V) + \hat{h}_1(V) \cdot S + \hat{h}_2(V) \cdot S^2 + \cdots$$

und den mit ihr verbundenen biometrisch-statistischen Kenngrößen ist die Möglichkeit gegeben, weitere Aussagen über (die Produktivität und) die Reaktion der betreffenden Sorte bei bestimmten Umweltbedingungen zu machen. Außerdem können mit Hilfe solcher Funktionen mehrere Sorten in bezug auf die Größe y miteinander verglichen werden.

6. Zur Analyse der Reaktionsnorm von Idiotypen

Abschließend wird an zwei Beispielen der Quedlinburger Untersuchungen gezeigt, wie bei der Analyse der Reaktionsnorm von Idiotypen mit unterschiedlichem Leistungspotential durch eine dem Versuchsmaterial angepaßte Auswertungstechnik bereits eine erste Abstraktion der Ergebnisse gewonnen werden kann.
Im ersten Fall handelt es sich um die Analyse der Reaktionsnorm von zwei Kohlrabisorten und deren F_1-Hybride, welche einen deutlichen Heterosiseffekt in der Ertragsleistung zeigt.[1] Diese 3 Idiotypen wurden unter 4 verschiedenen Umweltbedingungen angebaut: 2 Feuchtigkeitsstufen und 2 Düngungsvarianten. An den Pflanzen erfolgte die fortlaufende Bestimmung des Knollendurchmessers, welcher mit dem Knollengewicht eng korrelliert ist. Von den Umweltfaktoren wurden Lufttemperatur, Luftfeuchtigkeit, Bodentemperatur, Bodenfeuchtigkeit und Strahlung ständig gemessen. In jeder Umweltvariante zeigten die drei untersuchten Idiotypen andere Wachstumsverläufe (Abb. 4) und ihre Relationen zueinander änderten sich. Für die Abhängigkeit des Knollendurchmessers y von der Bodenfeuchtigkeit f, der Düngung n, der Zeit t und der Versuchswiederholung w wurde folgender Ansatz aufgestellt:

$$\begin{aligned} y = {} & (\beta_1 + \beta_2 f + \beta_3 n + \beta_4 w + \beta_5 fn + \beta_6 fw + \beta_7 n^2 + \beta_8 nw \\ & + \beta_9 fn^2 + \beta_{10} fnw + \beta_{11} n^2 w) \\ & + (\beta_{12} + \beta_{13} f + \beta_{14} n + \beta_{15} w + \beta_{16} fn + \beta_{17} fw + \beta_{18} n^2 + \beta_{19} nw) \cdot t \\ & + (\beta_{20} + \beta_{21} f + \beta_{22} n + \beta_{23} w) \cdot t^2 + \beta_{24} \cdot t^3 + u. \end{aligned}$$

Die Parameter wurden geschätzt (Tab. 1). Nach dem Wert des multiplen Korrelationskoeffizienten zu urteilen, wird mit diesem Ansatz die Ab-

[1] Herrn FABIG sei an dieser Stelle für das zur Verfügung gestellte Kohlrabisaatgut gedankt

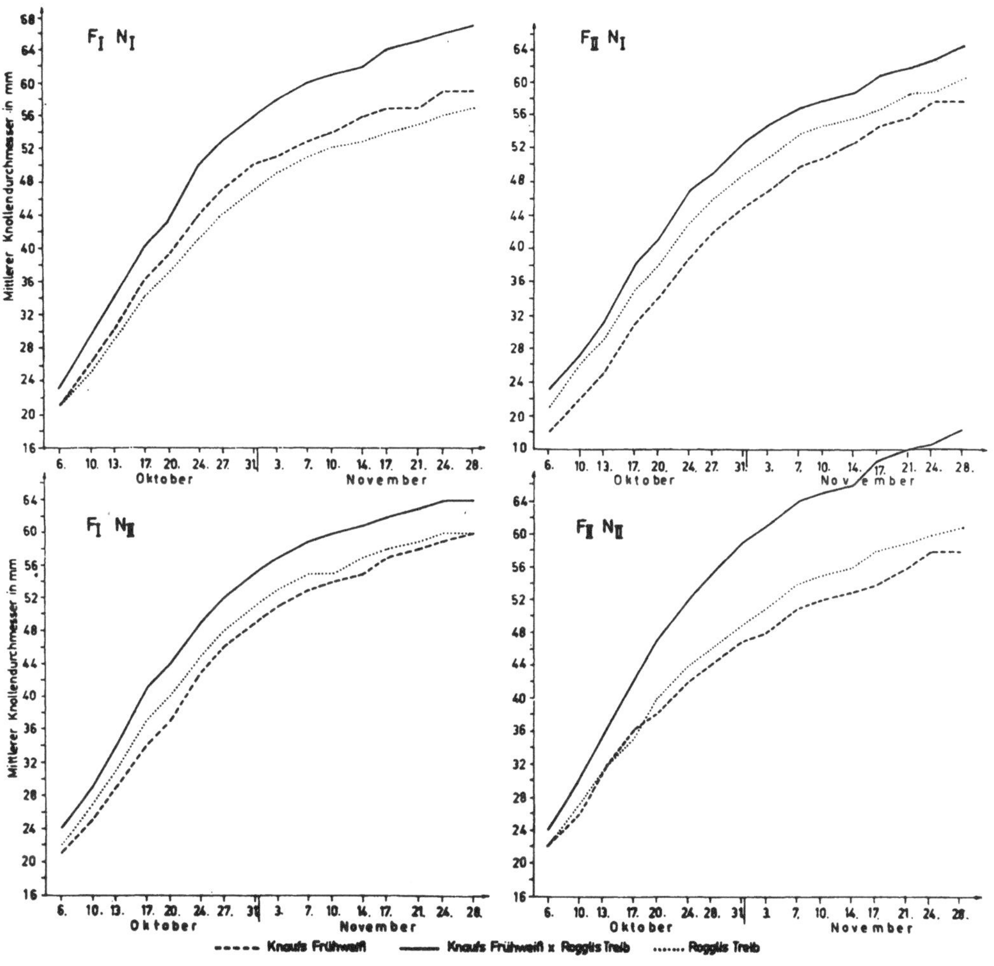

Abb. 4: Wachstumskurven der Knollen von 3 Kohlrabi-Idiotypen („Knaufs Frühweiß", „Rogglis Treib" sowie F_1-Hybride aus „Knaufs Frühweiß" und „Rogglis Treib") bei unterschiedlicher Wasserversorgung und Düngung
F_I = niedrige Wasserversorgung N_I = ungedüngt
F_{II} = normale Wasserversorgung N_{II} = gedüngt

hängigkeit des Knollendurchmessers y von den genannten Einflußgrößen für alle drei Idiotypen sehr gut beschrieben. Diese Funktionen charakterisieren also die Reaktion der Idiotypen auf die bezeichneten Umweltvarianten. Mit Hilfe eines solchen biometrischen Ansatzes ist es außerdem in gewissen Grenzen möglich, die Reaktion von Idiotypen auf solche

Tabelle 1

Ergebnisse der Parameterschätzung für die drei Idiotypen

Variable	Knaufs Frühweiß	Rogglis Treib	Hybride
1	5,291 236 407	5,395 542 144	6,118 968 142
t	0,047 607 232	0,053 996 552	0,053 935 254
f	0,549 340 778	0,311 825 619	−0,061 754 889
n	−0,146 215 995	0,314 050 754	0,209 227 190
w	0,322 416 662	−0,042 560 985	0,028 274 706
t^2	−0,001 109 059	−0,000 992 771	−0,001 277 897
tf	0,009 077 166	0,003 857 312	0,003 147 998
tn	0,000 685 055	0,002 393 895	−0,001 163 158
tw	0,004 565 866	−0,009 906 078	−0,008 277 638
fn	0,321 292 780	−0,313 886 827	0,030 241 307
fw	−0,740 425 034	−0,060 062 536	0,276 690 415
n^2	0,210 490 353	0,094 561 444	0,093 423 408
nw	0,199 380 863	−0,294 563 987	−0,493 269 025
t^3	0,000 011 833	0,000 010 113	0,000 013 632
t^2f	0,000 152 190	−0,000 084 926	0,000 016 190
t^2n	−0,000 010 966	0,000 078 796	−0,000 043 366
t^2w	0,000 048 713	−0,000 191 191	−0,000 037 170
tfn	−0,003 334 100	−0,002 625 813	0,006 800 124
tfw	−0,009 628 088	−0,005 831 826	0,007 372 185
tn^2	−0,005 261 701	−0,004 822 958	−0,005 172 267
tnw	−0,000 842 155	0,003 307 251	−0,007 521 323
fn^2	−0,418 750 000	−0,163 888 889	0,042 592 592
fnw	−0,370 388 889	0,334 259 259	0,672 222 222
n^2w	−0,479 861 111	−0,195 833 333	−0,341 203 704
s^2 Rest	0,3605	0,3238	0,4369
R	0,9110	0,9126	0,9071
F	269,76	275,40	257,11
FG	24; 1272	24; 1272	24; 1272

Umweltbedingungen zu untersuchen, die in dem stattgefundenen Versuch selbst nicht gemessen wurden.

Dafür ein anderes Beispiel: Es wurden drei Idiotypen von *Antirrhinum* – wieder 2 Stämme und deren Hybride – unter 2 verschiedenen Bodenfeuchtigkeitsbedingungen geprüft (diese Untersuchungen wurden in Zusammenarbeit mit der Abteilung Züchtungsbiologie des Instituts für Pflanzenzüchtung Quedlinburg durchgeführt). Zu Anfang der Vegetationsperiode war auch an diesem Material ein starker Heterosiseffekt festzustellen, der jedoch im Verlauf der Entwicklung verloren ging. An den Pflanzen wurde fortlaufend die Gesamtlänge und von den Umweltfaktoren Lufttemperatur, Luftfeuchtigkeit, Bodentemperatur, Bodenfeuchtigkeit und Strahlung gemessen. In den beiden Umweltvarianten ergaben auch hier die drei untersuchten Idiotypen verschiedene Wachstumsverläufe (Abb. 5), und ihre Relationen zueinander änderten sich.

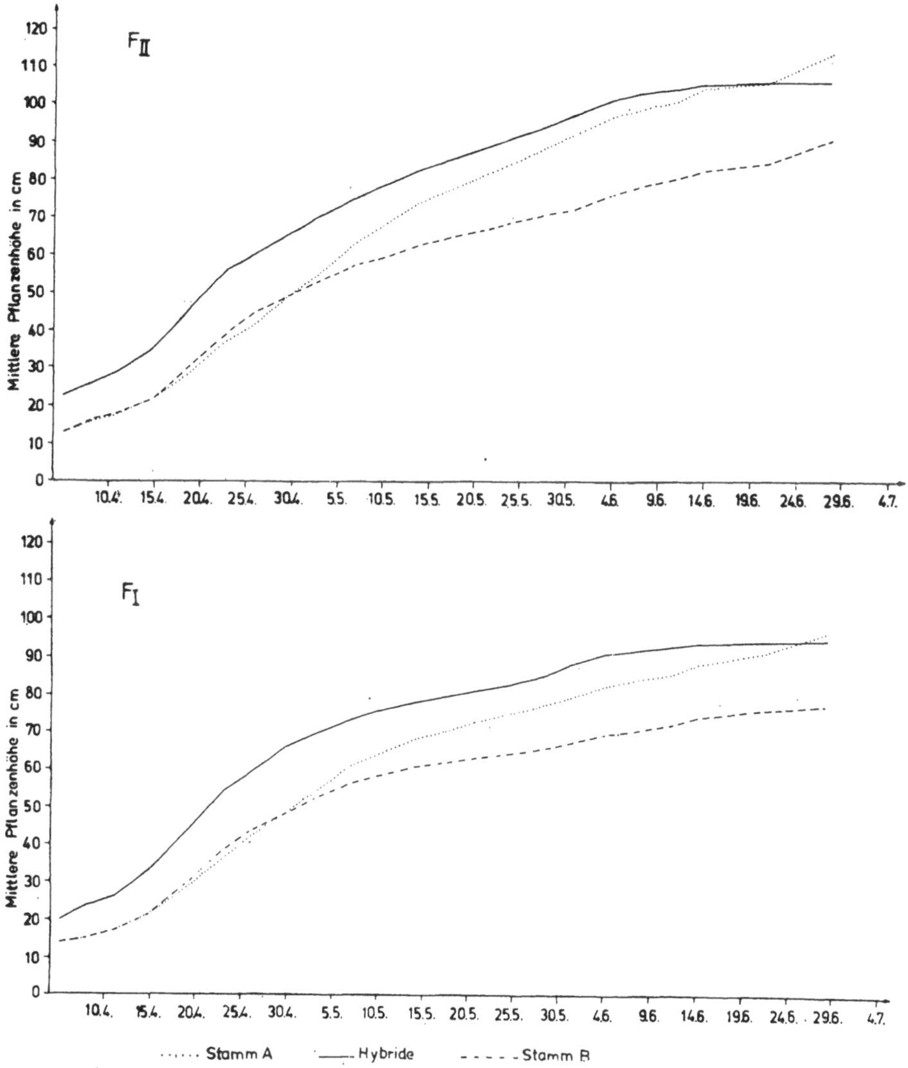

Abb. 5: Wachstumskurven von *Antirrhinum*-pflanzen (Stamm A, Stamm B sowie F_1-Hybride aus A und B) bei unterschiedlicher Wasserversorgung
F_I = niedrige Wasserversorgung F_{II} = normale Wasserversorgung

Zur Analyse der Reaktionsnorm wurde die Abhängigkeit des Merkmals Pflanzenhöhe y von den betrachteten Umweltbedingungen durch den folgenden biometrischen Ansatz erfaßt:

$$y = (\beta_1 + \beta_2 TB + \beta_3 FB) + (\beta_4 + \beta_5 TB + \beta_6 FB) \cdot STR + \beta_7 STR^2 + u,$$

worin TB die Bodentemperatur in 5 cm Tiefe, FB die Bodenfeuchtigkeit und STR ein Maß für die dem Pflanzenbestand gebotene Strahlungsmenge bedeutet, welches sich nach der Formel

$$STR = 10^{-3} (SUM(PYR(t)) - 3000)$$

aus den täglich abgelesenen Pyranometerwerten $PYR(t)$ berechnet. Die Größe u bezeichnet den zufälligen Fehler im biometrischen Modell.
Für die drei Idiotypen Elter A, Elter B und Hybride wurden die Parameter des aus rechentechnischen Gründen einfach gehaltenen biometrischen Modells aus den Versuchsunterlagen geschätzt. Die Ergebnisse sind in der Tabelle 2 zusammengestellt.

Tabelle 2

Variable	Hybride	Elter A	Elter B
1	72,955975656	61,503179150	72,417150721
TB	−0,225596623	−0,332333727	−1,355806478
FB	0,150939575	−0,084323578	0,374192546
STR	6,184232091	6,179034884	−6,031532910
$STR \cdot TB$	0,156784196	0,091061774	0,851889070
$STR \cdot FB$	0,263302047	0,185842189	0,446199680
STR^2	−1,956328188	−1,299818471	−1,680885781
s^2 Rest	83,1073	43,0363	138,2942
R	0,9428	0,9549	0,9288
F	2166,88	2766,19	1316,16
FG	7; 1626	7; 1603	7; 1258

F (1%/7; 1600) = 2,66

Wie aus den Werten des multiplen Korrelationskoeffizienten zu erkennen ist, beschreibt schon dieser einfache biometrische Ansatz die vorliegende Versuchssituation außerordentlich gut. Das heißt, die Reaktion der drei Idiotypen in bezug auf das Merkmal Pflanzenhöhe kann auch für Umweltbedingungen, die im Versuch selbst nicht unmittelbar beobachtet wurden, sehr genau berechnet werden. Mit diesem biometrischen Modell ist es demzufolge schon im gewissen Umfang gelungen, hinsichtlich der hier betrachteten Umweltbedingungen die Reaktionsnorm der drei Idiotypen zu charakterisieren und auch miteinander zu vergleichen. Die Abbildungen 6 bis 9 vermitteln einen Einblick in die Reaktionsnorm der drei Idiotypen.
In den Abbildungen 6 bis 8 sind für jeden Idiotyp zu verschiedenen Strahlungssummen die Abhängigkeiten der Pflanzenhöhe von Bodentemperatur und Bodenfeuchtigkeit dargestellt. Dabei zeigt der Stamm A

eine besonders starke Abhängigkeit, was durch die Neigung der Flächen ausgedrückt wird. Diese Abhängigkeit ändert sich während der Vegetationszeit. Das ist aus den unterschiedlichen Neigungsrichtungen der Flächen bei niedriger und hoher Strahlungssumme zu erkennen. Besonders gering ist die Abhängigkeit der Pflanzenhöhe von Temperatur und Feuchtigkeit des Bodens bei Stamm B, während die Hybride etwa ein intermediäres Verhalten zeigt.
Eine andere Darstellungsform der Ergebnisse des biometrischen Modells wurde in Abbildung 9 gewählt. Hier sind die errechneten Ergebnisse der Reaktion der 3 Idiotypen auf verschiedene Bedingungen von Bodentemperatur und Bodenfeuchtigkeit aufgezeichnet. Diese Kurven stimmen – soweit vergleichbar – gut mit denen aus tatsächlich gemessenen Werten überein. Außerdem geben sie ein Bild über die Reaktionsnorm der Idiotypen unter Bedingungen, die im Versuch selbst nicht gemessen wurden.
An diesen beiden Beispielen sollte auch auf das grundsätzliche Problem hingewiesen werden, das in der Züchtungsforschung und Pflanzenzüchtung darin besteht, die Reaktionsnorm von Idiotypen mit unterschiedlichem Leistungspotential zu analysieren (siehe auch Stubbe, 1966; Andrew, 1967; Pederson, 1968).
Erst die Verdichtung des Zahlenmaterials in biometrischen Modellen, wie die beiden Beispiele zeigten, und schließlich die weitere Bearbeitung sowohl mit experimentellen als auch mit theoretischen biophysikalischen Forschungsmethoden geben die Voraussetzungen zur Modellbildung auf den Stufen von physikalischen Modellen und Simulationsmodellen der Stoffproduktion sowie der Reaktionsnorm von Idiotypen.

7. Schlußfolgerungen

Die Entwicklung eines komplexen Systems der pflanzlichen Produktion sei in einem Schema nochmals zusammengefaßt. Die Methoden zur Aufstellung von Modellen der Stoffproduktion und der Reaktionsnorm von Kulturpflanzen haben sowohl für die Optimierung der Zuchtverfahren als auch für die Optimierung der Größen der Prozeßführung in der Anbautechnik eine grundlegende Bedeutung. Diese Forschungen setzen eine sehr enge Verbindung zwischen den experimentellen und theoretischen Arbeiten voraus, nämlich
1. experimentelle und theoretische Methoden anzugeben, womit die Leistungsfähigkeit von Idiotypen oder Sorten unter künstlichen oder natürlichen Bedingungen erkannt, geklärt und beurteilt werden kann, und
2. die genetisch festgelegte Reaktionsnorm von Idiotypen zu charakterisieren, so daß unter anderem gesicherte Aussagen über die Einsetzbarkeit der Idiotypen unter verschiedenen Umweltbedingungen gemacht werden können.

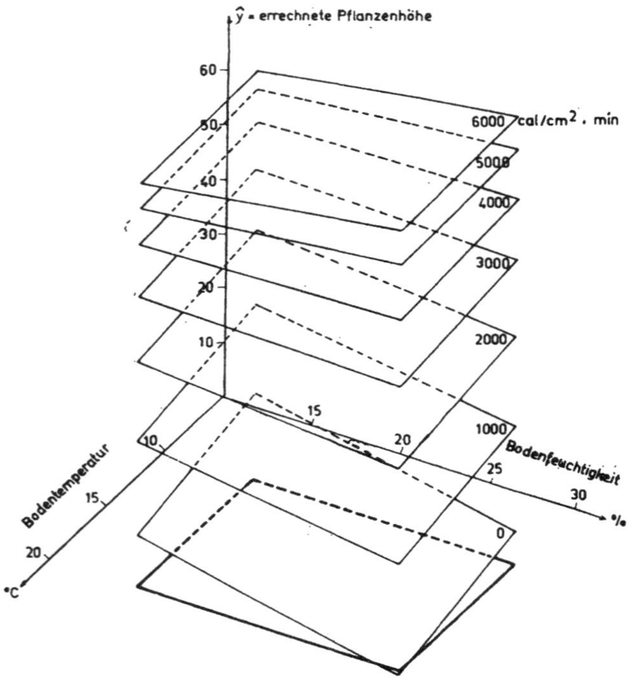

Abb. 6: Stamm B

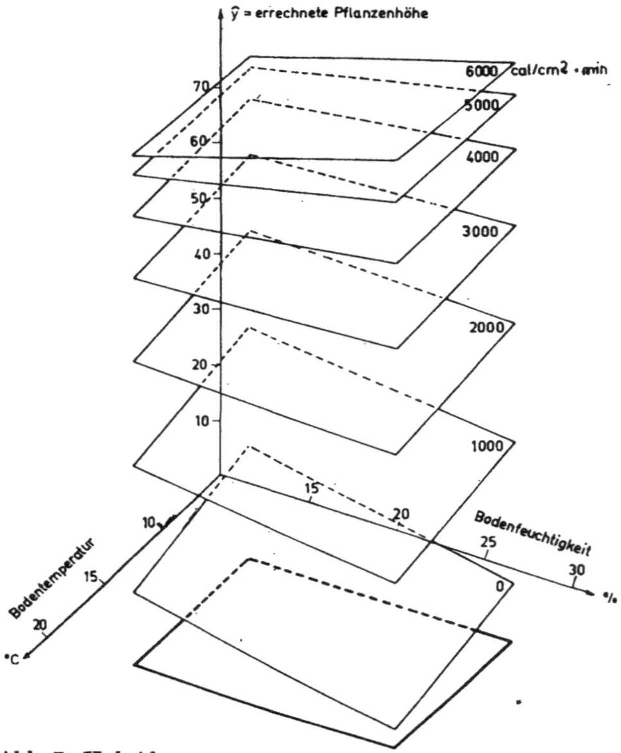

Abb. 7: Hybride

Abb. 6 bis 8: Pflanzenhöhe von 3 *Antirrhinum*-Pflanzen (Elter A, Elter B sowie F_1-Hybride aus A und B) in Abhängigkeit von Bodentemperatur und Bodenfeuchtigkeit bei bestimmten Strahlungssummen

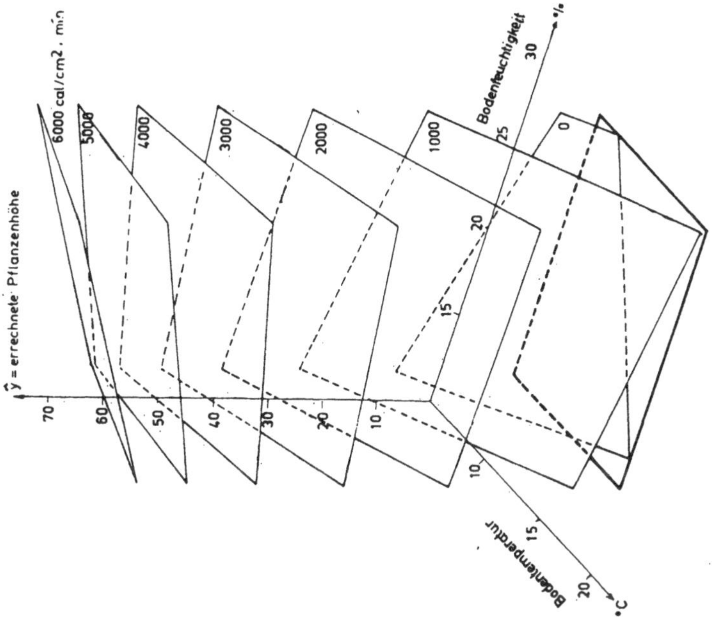

Abb. 8: Stamm A

Für beide Problemkomplexe ist eine umfassende Analyse des Systems „Idiotyp—Pflanze—Umwelt“ und darauf aufbauend eine Synthese dieser komplexen Teilsysteme durch Simulationsmodelle nötig, wie sie in der Biophysik pflanzlicher Systeme angestrebt wird. Von diesen Kenntnissen ausgehend wird es möglich sein, unter anderem Kriterien für die Dynamik der Stoffbildung von Pflanzen und Pflanzenbeständen auszuarbeiten und für die Praxis zu verwenden. Für diese Untersuchung heißt das, durch methodisch ständig zu verbessernde biophysikalische und biochemische Meßverfahren die Reaktion der Pflanzen unter künstlichen und natürlichen Bedingungen datenmäßig zu erfassen, so daß davon ausgehend geeignete Modelle (biometrische Modelle, Simulationsmodelle und Modelle nach physikalischen Prinzipien) zur Charakterisierung der Reaktionsnorm und der Leistungsfähigkeit der Idiotypen formuliert werden können.

Zusammenfassung

Zur Entwicklung eines komplexen Systems von Modellen der pflanzlichen Produktion ist es notwendig, Systeme von Modellen der Stoffproduktion und Reaktionsnorm unserer Kulturpflanzen aufzubauen, die zur Prüfung und Kontrolle der Ergebnisse aus den Teilsystemen von Modellen für die

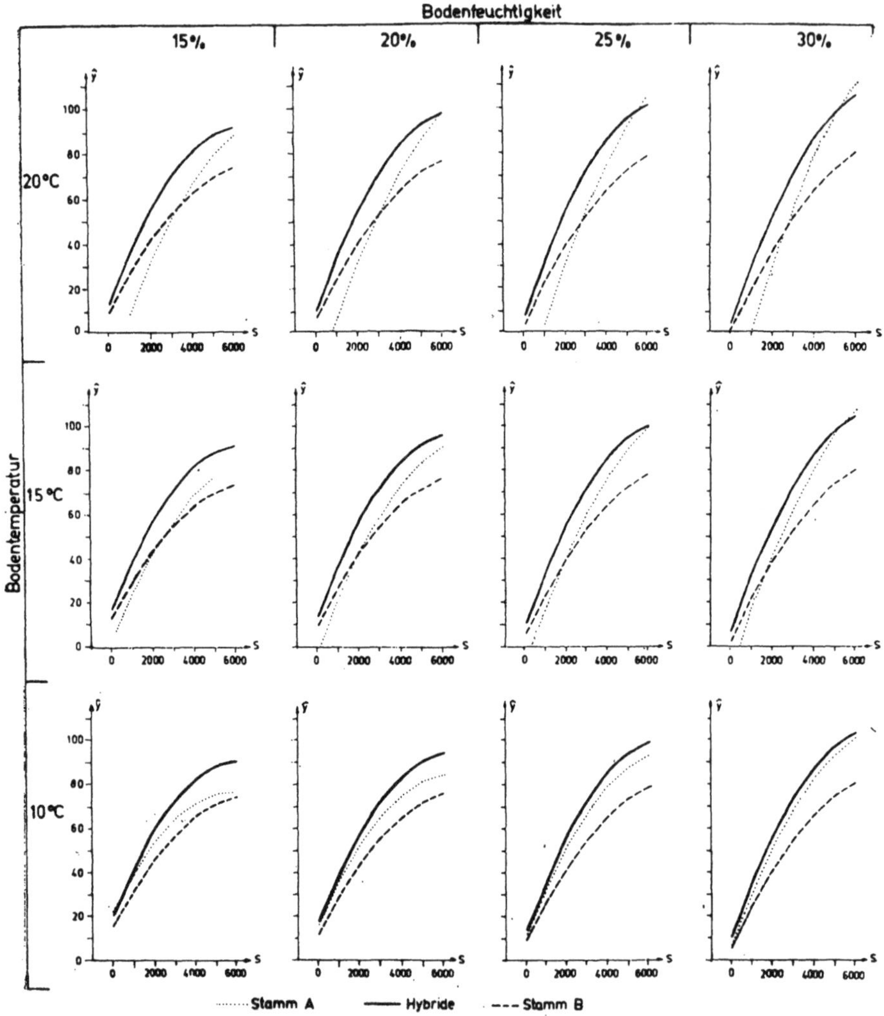

Abb. 9: Pflanzenhöhe von 3 *Antirrhinum*-Idiotypen (Elter A, Elter B sowie Hybride aus A und B) bei verschiedenen Bodenfeuchtigkeiten und Bodentemperaturen
y = errechnete Pflanzenhöhe
s = Strahlungssumme in cal/cm²min

abstrakte Erfassung und Optimierung wichtiger Prozesse der Anbautechnik und der Zuchtverfahren erforderlich sind.

An einigen methodischen Beispielen aus den Untersuchungen der Biophysikalischen Abteilung des Instituts für Pflanzenzüchtung Quedlinburg

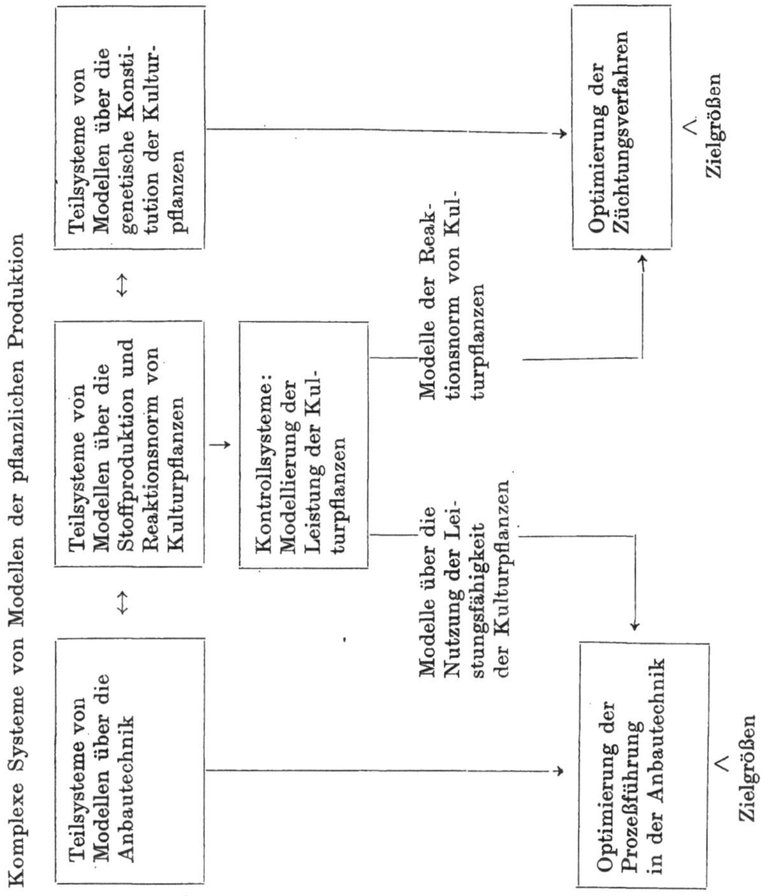

werden die wichtigsten Typen modellmäßiger Darstellung pflanzlicher Systeme erläutert. So wird die Entwicklung von Modellen, in denen bestimmte physikalische Prinzipien für die Modellbildung verwendet werden, am Beispiel des Energie- und Wasserhaushaltes der Pflanzen diskutiert. Als weiteres System von Modellen wird die Nachbildung zeitlich ineinandergreifender Vorgänge der Ertragsbildung durch die Simulationstechnik auf hochleistungsfähigen Rechnern erörtert. Schließlich wird die Anwendung biometrischer Modelle für die Beschreibung pflanzlicher Systeme erläutert. An zwei Auswertungsbeispielen zur Analyse der Reaktionsnorm von Idiotypen wird die Möglichkeit einer ersten Abstraktion der Untersuchungsergebnisse mit mathematisch-statistischen Methoden dargestellt.

Alle geschilderten Methoden tragen dazu bei, die vielseitigen Beziehungen der pflanzlichen Ertragsbildung zur Umwelt und zur genetischen Konstitution als dynamisches System beschreiben zu können, um damit einen wesentlichen Beitrag zur Optimierung der pflanzlichen Produktion zu schaffen.

Резюме

Название работы: О составлении моделей образования вещества и норм реакции культурных растений

Для разработки комплексной системы моделей производства растениеводческой продукции необходимо создать модели образования вещества и норм реакции наших культурных растений, необходимых для испытания и контроля результатов, получаемых из частных систем моделей абстрактного учета и оптимирования важных процессов, связанных с техникой возделывания и селекционных методов. На нескольких методических примерах из исследований биофизического отдела Кведлинбургского института селекции растений поясняются важнейшие типы модельного изображения растительных систем. Так, разработка моделей, в которых для их составления используются определенные физические принципы, обсуждается на примере энергетического и водного режима растений. В качестве другой системы моделей рассматривается отображение взаимно переплетающихся процессов формирования урожая с помощью техники моделирования на высокопроизводительных вычислительных машинах. И, наконец, излагается применение биометрических моделей для характеристики растительных систем. На двух примерах по анализу нормы реакции идиотипов показывается возможность первой абстракции результатов исследований с помощью математико-статистических методов.
Все описанные методы способствуют тому, чтобы многогранные взаимосвязи формирования растительной массы с внешней средой и с генетической конституцией были показаны как динамические системы, чтобы внести тем самым значительный вклад в оптимирование производства растениеводческой продукции.

Summary

Title of the paper: Setting up models of matter production and reaction norm of cultivated plants

The development of a complex system of models of plant production calls for the setting up of systems of models of matter production and reaction norm of our cultivated plants, which are required for testing and checking the results from the partial systems of models for the ab-

stract recording and optimization of major processes of cultivation and breeding methods.
Some methodical examples taken from the investigations of the biophysical department of the Institute of Plant Breeding, Quedlinburg, are used to explain the most important types of a model representation of plant systems. The development of models using certain physical principles for model formation is discussed by the example of the energy and water economy of the plants. The simulation of temporally interlocking processes of yield formation is discussed as another system of models through the simulation technology on highly efficient computers. Finally, the application of biometric models to characterize plant systems is explained. Two examples for the analysis of the reaction norm of idiotypes are used to demonstrate the possibility of preliminary abstraction of the test results by mathematico-statistical methods.
All described methods contribute to the end that the multifarious relations between plant yield formation and environment as well as genetic constitution may be described as a dynamic system, thus essentially contributing to the optimization of plant production.

Literatur

Andrew, R. H.: Influence of environment on stability of corn during vegetative growth. Crop Sci. 7 (1967), S. 253–256

Boguslawski, E. v.; Limberg; Schneider, B.: Grundlagen zur Gesetzmäßigkeit der Ertragsbildung. Z. Acker- u. Pflanzenbau 116 (1963), S. 231–256

Chartier, Ph.: Modèle biophysique des échanges photosynthétiques de l'unité de surface de feuille. Symp. „Biophysik pflanzlicher Systeme", Mai 1968, Quedlinburg. Studia biophysica 11 (1968), S. 47–55

Claus, St.; Unger, K.: Zum quantitativen Vergleich der Ertragsbildung verschiedener Sorten. Züchter 35 (1965), S. 41–46

Claus, St.; Unger, K.: Biometrische Betrachtungen zur Analyse der witterungsbedingten Ertragsbildung. Wiss. Z. Karl-Marx-Univ. Leipzig 17 (1968a), S. 283–286

Claus, St.; Unger, K.: Zur biometrischen Rekonstruktion der Ertragsbildung. Symp. „Biophysik pflanzlicher Systeme", Mai 1968, Quedlinburg. Studia biophysica 11 (1968b), S. 237–240

Fukschanski, L. J.: Ein mathematisches Modell der biologischen Uhr bei höheren Pflanzen. Symp. „Biophysik pflanzlicher Systeme", Mai 1968, Quedlinburg. Studia biophysica 11 (1968), S. 143–146

Grodzinskij, D. M.: Ein biophysikalisches Modell des Pflanzenstoffwechsels. Symp. „Biophysik pflanzlicher Systeme", Mai 1968, Quedlinburg. Studia biophysica 11 (1968), S. 17–26

Locker, A.: Möglichkeiten modellmäßiger Darstellung des Stoffwechsels. Symp. „Biophysik pflanzlicher Systeme", Mai 1968, Quedlinburg. Studia biophysica 11, (1968), S. 11–16

Monsi, M.: Mathematical models of plant communities. UNESCO-Veröffentlichung United Nations Educational, Scientific and Cultural Organization, Paris, 1968, S. 131–149

Moschkov, B. S.; Pumpjanska, S. L.; Fukschanski, L. J.: Ein Modell für den Mechanismus der photoperiodischen Reaktion der Pflanze. Symp. „Biophysik pflanzlicher Systeme", Mai 1968, Quedlinburg. Studia biophysica 11 (1968), S. 147–148

Pederson, D. G.: Environmental stress heterozygote advantage and genotype-environment interaction in Arabidopsis. Heredity 23 (1968), S. 127–138

Raschke, K.: Ein Modell zur Beschreibung des Energie- und Gasaustausches eines Maisblattes. Symp. „Biophysik pflanzlicher Systeme", Mai 1968, Quedlinburg. Studia biophysica 11 (1968), S. 41–46

Rubens, P.; Wolter, H.: Modell, Modellmethode und Wirklichkeit. Dt. Z. Philosophie 17 (1969), S. 1225–1239

Slavik, B.: Zur Modellierung des Wassertransportes in der Pflanze. Symp. „Biophysik pflanzlicher Systeme", Mai 1968, Quedlinburg. Studia biophysica 11 (1968), S. 57–60

Strebeyko, P.: Die Spaltöffnung als biophysikalisches Modell in der Porometrie. Symp. „Biophysik pflanzlicher Systeme", Mai 1968, Quedlinburg. Studia biophysica 11 (1968) S. 73–78

Stubbe, H.: Genetik und Zytologie von *Antirrhinum* L. sect. *Antirrhinum*. 1966, Jena, VEB Gustav-Fischer-Verl.

Unger, K.: Die Anwendung radioaktiver Strahlungsquellen zur berührungslosen Massenbestimmung von Pflanzenbeständen und Einzelpflanzen am natürlichen Standort. Züchter 29 (1959), S. 289–293

Unger, K.: Biophysikalische Untersuchungen der Ertragsbildung als Problem der Züchtungsforschung. Sitz.-Ber. Dt. Akad. Landwirtsch.-Wiss. Berlin 12 (1963), Nr. 13 S. 21–40

Unger, K.: Quantitative Analyse der Ertragsbildung in der Züchtungsforschung. Tag.-Ber. Dt. Akad. Landwirtsch.-Wiss. Berlin 1966, Nr. 82, T. II, S. 43–60

Unger, K.: The use of gamma rays for the determination of change in biomass with time. Proc. UNESCO Symp. July 1965, Copenhagen, 1967, S. 229–232

Unger, K.: Biophysik pflanzlicher Systeme. Symp. „Biophysik pflanzlicher Systeme", Mai 1968, Quedlinburg. Studia biophysica 11 (1968), S. 1–10

Unger, K.; Claus, St.; Grau, I.: Modelle zum Wasserhaushalt von Kulturpflanzen. Symp. „Biophysik pflanzlicher Systeme", Mai 1968, Quedlinburg. Studia biophysica 11 (1968), S. 79–122

Visser, W. C.: Ein Ertragsmodell für günstige und schädliche Umweltfaktoren. Symp. „Biophysik pflanzlicher Systeme", Mai 1968, Quedlinburg. Studia biophysica 11 (1968), S. 227–236

De Wit, C. T.; Brouwer, R.: Über ein dynamisches Modell des vegetativen Wachstums von Pflanzenbeständen. Angew. Bot. 42 (1968), S. 1–12

Anschrift des Verfassers:

Prof. Dr. rer. nat. habil. K. Unger
Institut für Pflanzenzüchtung Quedlinburg
der Deutschen Akademieder Landwirtschaftswissenschaften zu Berlin
43 Quedlinburg,
Ethel-und-Julius-Rosenberg-Straße 22–23

Peter Kundler

Steuerung und Regelung von Systemen der Nährstoffversorgung von Nutzpflanzenbeständen

Die Nährstoffversorgung der Nutzpflanzen — als System betrachtet — umfaßt

1. Naturfaktoren,
2. Produktivkräfte,
3. Relationen zwischen diesen Naturfaktoren und Produktivkräften,

die innerhalb des Gesamtsystems der Pflanzenproduktion auf die Versorgung der Nutzpflanzen mit Mineralnährstoffen einwirken.

Das Nährstoffversorgungssystem ist ein offenes System. Es hat

- Eingänge (Inputs) aus der Umgebung
  z. B. Einflüsse anderer Teilsysteme des Pflanzenbaus und meteorologischer Faktoren
- Ausgänge (Outputs) an die Umgebung
  z. B. Wirkungen auf andere Teilsysteme des Pflanzenbaus, Nährstoffentzüge mit den Ernten, Nährstoffverluste

Das Nährstoffversorgungssystem ist ferner ein dynamisches System, denn es ändert sich mit der Zeit.

Die Aufgabe einer effektiven Pflanzenproduktion besteht u. a. darin, das Nährstoffversorgungssystem so zu stabilisieren, daß den Nutzpflanzenbeständen die notwendigen Nährstoffe zum Erzielen der Planerträge jederzeit bereitgestellt werden. Dazu ist es notwendig, vielfältigen Störungen zu begegnen.

Unter Störungen sind ohne Werturteil alle äußeren und inneren Einwirkungen auf das System zu verstehen, die seine Stabilität gefährden.

Die Planerträge sind vor allem von den gesellschaftlichen Bedürfnissen an Nahrungsgütern und Futtermitteln in bestimmter Menge und Qualität abhängig. Ihre mögliche Höhe wird begrenzt durch schwer beeinflußbare Naturfaktoren, besonders die Wärme am Standort und das Ertragspotential der Nutzpflanzen. Im Rahmen des Gesamtsystems der Pflanzenproduktion kann der Ertrag optimiert werden.

Zur Stabilisierung gegen Störungen bestehen beim Nährstoffversorgungssystem – wie bei allen dynamischen Systemen – grundsätzlich drei Möglichkeiten:

1. Eliminierung

Aus der Umwelt einwirkende Störgrößen werden abgeschirmt. Die Möglichkeiten dazu sind bei Nährstoffversorgungssystemen unter Freilandbedingungen begrenzt.
Eliminierend wirkt eine Systemreserve. Dazu gehört die Bevorratung des Bodens mit bestimmten Nährstoffen über den normalen Bedarf der Pflanzen hinaus. Bei ungünstigen Witterungsbedingungen, die erhöhte Nährstoffverluste oder eine verringerte Nährstoffverfügbarkeit verursachen, wird diese Systemreserve wirksam.
Um alle möglichen Störungen zu eliminieren, müßte die Systemreserve sehr groß sein und wäre dadurch unwirtschaftlich. Außerdem lassen sich einige Nährstoffe nur in begrenztem Maße bevorraten.

2. Steuerung

Störgrößen werden gemessen und ihre Auswirkungen innerhalb des Systems durch gezielte Eingriffe kompensiert. Die Wirkungsstrecke ist dabei offen (Abb. 1). In einer Steuerkette übermitteln Rezeptoren (Meßwerterfassungseinrichtungen) Informationen über Störgrößen an eine elektronische Datenverarbeitungsanlage (EDVA). Sie errechnet nach vorgegebenen Führungsgrößen über ein mathematisches Modell Empfehlungen für gezielte Düngungsmaßnahmen. Diese werden durch Effektoren (ausführende Einrichtungen) realisiert.

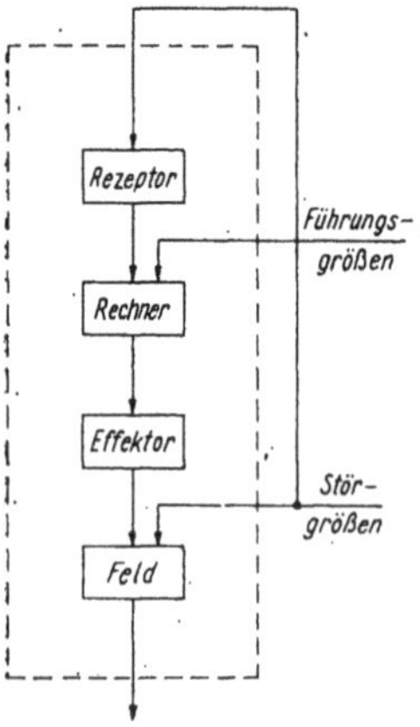

Abb. 1: Steuerung

Endglied in der Steuerkette ist das Feld, bestehend aus den miteinander gekoppelten und rückgekoppelten Teilsystemen Standortklima, Boden und Pflanzenbestand. Auf das Feld als Objekt der Steuerung wirken die äußeren Störungen und die kompensierenden Maßnahmen ein.
Störungen, die innerhalb der Wirkungsstrecke auftreten, können durch die Steuerung nicht kompensiert werden.
Um die Auswirkungen äußerer Störungen auf das Nährstoffversorgungssystem in einem mathematischen Modell richtig erfassen zu können, sind umfangreiche Informationen notwendig. Denn die Störgrößen sind zahlreich und ihre Einwirkungen auf das System vielfältig, besonders dadurch, daß sie sich gegenseitig abschwächen oder verstärken.

3. Regelung

Nicht die Störgrößen werden gemessen, sondern wichtige Prozeßergebnisse des Systems. Ihre Abweichungen von den Führungsgrößen werden ausgeglichen. Die Regelung erfordert im Nährstoffversorgungssystem eine Rückkopplung vom Feld als Objekt der Regelung über den Rezeptor zur EDVA (Abb. 2). Prozeßergebnisse, wie der Gehalt des Bodens an verfügbaren Nährstoffen und der Nährstoffversorgungszustand der Pflanzen werden als Regelgrößen laufend oder periodisch wiederkehrend gemessen und mit den vorgegebenen Führungsgrößen in der EDVA verglichen. Aus den Abweichungen errechnet diese über ein mathematisches Modell Düngungsmaßnahmen, deren Auswirkungen wieder über die Regelgrößen kontrolliert werden. Dadurch ergibt sich ein Regelkreis.

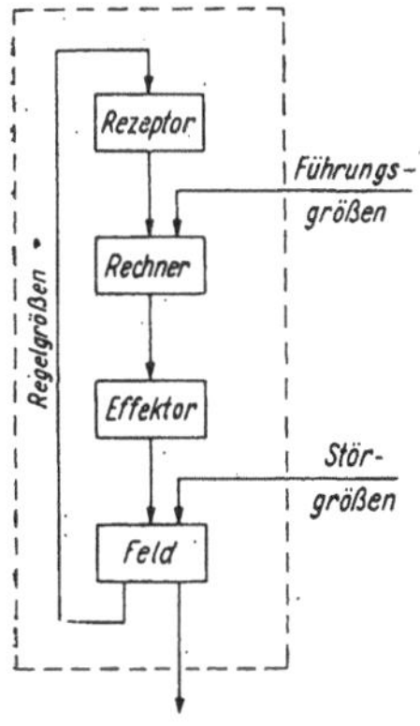

Abb. 2: Regelung

Bei der Regelung der Nährstoffversorgung sind weniger Informationen notwendig als bei der Steuerung. Eine alleinige Regelung hat aber beim Nährstoffversorgungssystem den Nachteil des größeren Zeitverzugs, weil Maßnahmen gegen die Störungen nicht bei deren Eintritt in das System eingeleitet werden (wie bei der Steuerung), sondern erst wenn sich bereits Auswirkungen in den Prozeßergebnissen zeigen.

Eine günstige Lösung zur Stabilisierung der Nährstoffversorgungssysteme nach vorgegebenen Führungsgrößen liegt in der Regelung mit Störgrößenaufschaltung (Abb. 3). Dabei werden die wichtigsten in ihrer Wirkung quantifizierbaren Störgrößen bei Eintritt in das System gemessen und gemeinsam mit Regelgrößen zur Berechnung der Düngungsmaßnahmen verwendet.

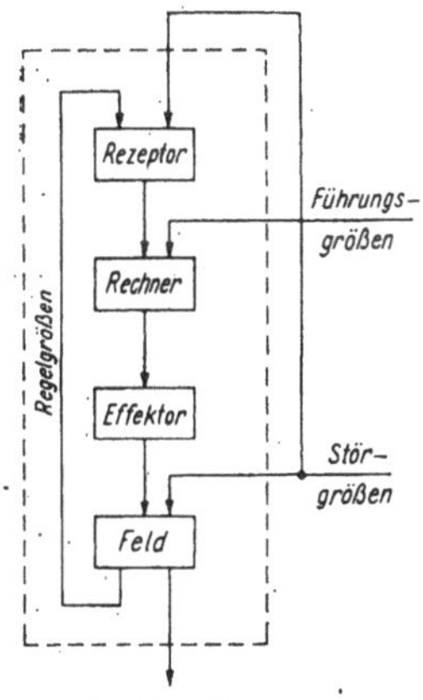

Abb. 3: Regelung mit Störgrößenaufschaltung

Eine Regelung mit „geschlossener Linie“ (on-Linie), d. h. gerätetechnischer Kopplung vom Objekt über den Rezeptor zu einem Prozeßrechner, ist bei Nährstoffversorgungssystemen in Hydroponikanlagen anzutreffen. Für Feldbedingungen gibt es noch keine technisch befriedigenden und ökonomisch realisierbaren Projekte. Notwendig wären Rezeptoren, die laufend Nährstoffkonzentrationen im Boden oder in Pflanzen messen. Rezeptoren zur Messung im Boden sind für bestimmte Nährstoffe in den nächsten Jahren zu erwarten.

Eine „geschlossene Schleife“ (closed loop), d. h. gerätetechnische Kopplung zwischen Prozeßrechner und Effektor, ist unter Feldbedingungen bei der kombinierten Düngung und Beregnung mit „Mehrzweck-

beregnungsanlagen" als Effektoren realisierbar. In den meisten Fällen werden die Effektoren aber auch während des nächsten Jahrzehnts Kombinations- oder Spezialmaschinen darstellen, die – von Hand eingestellt Düngungsmaßnahmen nach Berechnungen einer EDVA ausführen. Es wird also eine „offene Schleife" (open loop) bestehen.
Eine Regelung mit „offener Linie" (off-line), d. h. ohne gerätetechnische Kopplung vom Objekt über den Rezeptor zum Rechner, wird zur Zeit realisiert, wenn durch systematische Bodenuntersuchungen in bestimmten zeitlichen Abständen die Böden auf ihren Gehalt an verfügbarem P, K, Mg, Ca und Spurennährstoffen untersucht und auf Grund der Abweichungen von den anzustrebenden Gehalten Düngungsmaßnahmen geplant und durchgeführt werden.
Für den besonders ertragswirksamen Stickstoff wird eine Regelung mit „offener Linie" noch nicht realisiert, weil sich sein verfügbarer Gehalt im Boden innerhalb kurzer Zeiträume ändert, so daß ein hoher Untersuchungsaufwand notwendig wird.
Im Institut für Mineraldüngung Leipzig der Deutschen Akademie der Landwirtschaftswissenschaften zu Berlin wurde ein mathematisches Modell für Nährstoffversorgungssysteme entwickelt, für die EDVA R 300 programmiert, erprobt und in die Praxis übergeführt[1].
Dieses Modell ermöglicht, Düngungsempfehlungen jährlich für alle Felder der LPG und VEG mit folgenden Aussagen zu berechnen:

1. Düngermengen (als Nährstoffe berechnet)
2. Düngerformen
3. Düngungszeiten
4. Düngungsverfahren

Führungsgrößen sind dabei:

1. die optimale Nährstoffversorgung der Nutzpflanzenbestände
2. die Erhaltung bzw. Herstellung optimaler Gehalte an verfügbaren Nährstoffen im Boden.

Diese Führungsgrößen sind abhängig vom Standort, der Fruchtart bzw. Nutzungsart und den volkswirtschaftlichen Möglichkeiten des Mineraldüngereinsatzes.
Im Modell werden zur Zeit 53 Frucht- und Nutzungsarten und 12 Standortgruppen berücksichtigt. Die Standortgruppen ergeben sich aus der sinnvollen Kombination von 5 Bodengruppen mit 3 Klimazonen.
Störgrößen sind im mathematischen Modell für Nährstoffversorgungssysteme die wechselnden Einflüsse von:

[1] Daran waren neben dem Verfasser besonders die Mitarbeiter H. ANSORGE, B. WIENRICH, H. KRÜSMANN, H. GÖRLITZ, R. JAUERT, G. SPECHT beteiligt. An der Erarbeitung der Parameter wirkte das Institut für Pflanzenernährung Jena der Deutschen Akademie der Landwirtschaftswissenschaften zu Berlin mit.

1. Witterung
2. Vorfrüchten
3. früheren Düngungsmaßnahmen
4. anderen pflanzenbaulichen Maßnahmen

Im Rechenprogramm wird zunächst der Bedarf an pflanzenverfügbarem N, P, K und Mg ermittelt. Dazu dienen bei N:

1. Produktionsfunktionen
2. in Tabellen abgespeicherte optimierte Bedarfszahlen

Der Bedarf an pflanzenverfügbarem P, K und Mg wird errechnet:

1. nach den Anforderungen der geplanten Fruchtart
2. nach den Entzügen durch die Erträge in der Fruchtfolge
3. nach den Ergebnissen der systematischen Bodenuntersuchung

Dabei kommen Restriktionen zur Anwendung, um

1. die Lagergefahr bei Getreide,
2. die Anreicherung von Eiweiß in Rüben,
3. die Anreicherung von Eiweiß in der Braugerste,
4. die Anreicherung von Nitrat in Futterpflanzen,
5. das Absinken des Stärkegehaltes in Kartoffeln

zu vermeiden.

Vom Bedarf wird im weiteren Rechenprozeß die Zufuhr von pflanzenverfügbarem N, P, K und Mg durch

1. Düngung mit Stroh, Grünmasse, Stallmist, Jauche, Gülle, Abwässer, Klärschlamm und/oder Kompost zur Vorfrucht und Hauptfrucht,
2. Saat- und Pflanzgut,
3. Niederschläge,
4. mikrobielle Bindung von N aus der Luft,
5. Nachlieferung von K durch Verwitterung aus dem Boden

abgesetzt.

Unter Berücksichtigung der standortabhängigen Ausnutzungskoeffizienten werden anschließend die zur vollen Bedarfsdeckung notwendigen Mineraldüngermengen berechnet.

Für Stickstoff nimmt das mathematische Modell außerdem vorfruchtabhängige Zuschläge bzw. Abschläge nach der Witterung im vorangegangenen Sommer- und Winterhalbjahr vor.

Der Kalkbedarf wird im Rechenprogramm nach der Bodenreaktion der Bodenform, dem Humusgehalt und der Nutzungsart ermittelt. Die ausgewiesene Kalkmenge entspricht dem Bedarf zum Einstellen des optimalen pH-Wertes.

Die notwendige Düngung mit Spurennährstoffen (Mn, Cu, B, Mo) wird nach der Mangelgefahr bestimmt, die nach folgenden Faktoren zu berechnen ist:

1. Gehalt an leichtlöslichen Spurennährstoffen im Boden (nach Bodenanalysen)
2. Auftreten von Mangelsymptomen
3. Reaktion des Bodens
4. organische Düngung
5. Beregnung
6. Empfindlichkeit bestimmter Fruchtarten

Bei geringerer Mangelgefahr empfiehlt der Rechner den bevorzugten Einsatz bestimmter N- und K-Dünger, bei größerer Mangelgefahr die Anwendung spezieller Spurennährstoffdünger.
Im weiteren Verlauf des Rechenprogramms werden nach Bewertungsschemata die Düngungsverfahren und Düngerformen sowie nach Tabellen die optimalen Düngungszeitspannen ermittelt.
Alle Ergebnisse werden schlagweise, d. h. für jedes Feld getrennt, ausgedruckt. Zusätzlich enthalten die Ausdrucke den Bedarf des gesamten Betriebes an den verschiedenen Nährstoffen.
Das gegenwärtig vorliegende mathematische Modell für Nährstoffversorgungssysteme stellt somit eine Kombination von

1. Produktionsfunktionsanalysen,
2. Bilanzrechnungen,
3. Bewertungsverfahren,
4. Auswahlverfahren durch logische Entscheidungen

dar.

Bei erstmaliger Anwendung ermöglicht es die Steuerung der Nährstoffversorgungssysteme, bei wiederholter Anwendung mit zwischenzeitlichen Bodenuntersuchungen eine Regelung mit „offener Linie“ und Störgrößenaufschaltung.
Das mathematische Modell enthält 6200 Parameter als Einzelgrößen, darunter 182 Produktionsfunktionen. Bei erstmaliger Anwendung des Modells sind 48 Eingabedaten je Schlag notwendig, darunter:

- geplanter Ertrag
- Klimazone
- Phänozone
- Bodenform
- Ergebnisse der systematischen Bodenuntersuchung (Gehalt an P, K, Mg, Mn, Cu, B und Mo, pH-Wert, Humusgehalt)
- Vorfrucht
- Düngungsmaßnahmen zu den Vorfrüchten
- Maßnahmen der organischen Düngung im Planjahr
- vorgesehene Beregnungsmaßnahmen
- Witterung im vorangegangenen Sommer- und Winterhalbjahr
- vorgesehene Anwendung von Wachstumsregulatoren

Bei wiederholter Anwendung des Modells können sich die Eingabedaten je Schlag unter Verwendung von Zusatzmodellen bis auf 4 verringern. Das Programm für den R 300 umfaßt 5300 Befehle. Die Speicherkapazität des Rechners wird voll ausgelastet. Je Stunde errechnet die EDVA R 300 mit dem beschriebenen mathematischen Modell 300 schlagbezogene Düngungsempfehlungen. Um derartige Empfehlungen für die gesamte landwirtschaftliche Nutzfläche der DDR zu berechnen, wären bei voller Auslastung der EDVA 3 Monate notwendig.

Zusammenfassung

Die Nährstoffversorgung der Nutzpflanzen ist der Steuerung und Regelung grundsätzlich zugänglich. Objekt ist das Teilsystem Boden—Pflanze. Über Rezeptoren sind im gesteuerten System die wichtigsten äußeren Einflüsse auf den Nährstoffgehalt und die Nährstoffumsetzungen im Boden sowie den Nährstoffbedarf der Pflanzen zu erfassen. Im geregelten System ist kontinuierlich oder periodisch der Nährstoffgehalt im Boden oder in Pflanzenteilen zu messen. Eine elektronische Datenverarbeitungsanlage verarbeitet nach einem internen Programm und vorgegebenen Führungsgrößen die Informationen aus dem Meßwerterfassungssystem zu Befehlen zur Durchführung bestimmter Düngungsmaßnahmen, die geeignet sind, nach Maßgabe der Führungsgrößen das Gesamtsystem stabil zu gestalten. Gesteuerte Systeme erfordern umfangreiche Informationen über Störgrößen. Die Schwierigkeit, geregelte Systeme aufzubauen, besteht im derzeitigen Mangel an geeigneten Rezeptoren.

Резюме

Название работы: Управление и регулирование системами снабжения сельскохозяйственных растений питательными веществами

Принципиально, снабжение сельскохозяйственных растений питательными веществами поддается управлению и регулированию. Объектом является частная система почва – растение. С помощью рецепторов в управляемой системе могут быть учтены основные внешние воздействия на содержание и обмен питательных веществ в почве, а также потребность растений в питательных веществах. В регулируесмой ситеме содержание питательных веществв в почве или в частях растений следует измерять непрерывно или периодически. Электронная вычислительная установка по внутренней программе и заданным управляющим воздействиям превращает информации, поступающие из системы учета измеряемых величин, в сигналы для проведения определенных мер по удобрению, которые пригодны для того, чтобы в соответствии с величиной управляющих воздействий создавать постоянство всей системы. Управляемые системы должны получать большое число информаций о возмущающих воздействиях. Трудность построения регулируемых систем заключается в недостатке в настоящее время соответствующих рецепторов.

Summary

Tile of the paper: Controlling and regulating systems of nutrient supply of useful plants

On principle, the nutrient supply of plants is accessible to control. Its object is the system soil—plant. The main external effects on the nutrient content and the nutrient conversion in the soil as well as on the nutrient requirement of the plants may be recorded in an open-loop controlled system by means of a test data recording system. In the feedback controlled system the nutrient content is to be continually or periodically measured in the soil or at various plant parts. The electronic data processing machine processes, according to an internal program and predetermined leading values, the information of the test data recording system into orders for the implementation of certain fertilization measures which are suitable to render the system stable according to the leading values. Open-loop controlled systems require comprehensive information on interfering items. The difficulty of setting up feedback controlled systems lies in the present lack of suitable receptors.

Anschrift des Verfassers:
Prof. Dr. Peter Kundler
Forschungszentrum für Bodenfruchtbarheit Müncheberg
der Deutschen Akademie der Landwirtschaftswissenschaften zu Berlin
1278 Müncheberg, Wilhelm-Pieck-Straße 72

DEUTSCHE
DEMOKRATISCHE
REPUBLIK
DEUTSCHE AKADEMIE
DER
LANDWIRTSCHAFTS-
WISSENSCHAFTEN
ZU BERLIN

SITZUNGSBERICHTE

1969 · Band XVIII · Heft 1–4

Inhalts-, Autoren- und Sachverzeichnis

THEORIA CUM PRAXI

AKADEMIE-VERLAG · BERLIN · 1970

Herausgeber: Deutsche Demokratische Republik
Deutsche Akademie der Landwirtschaftswissenschaften zu Berlin
Erschienen im Akademie-Verlag GmbH, 108 Berlin, Leipziger Straße 3–4

Lizenznummer: 202 · 100/445/70
Herstellung: IV/2/14 · VEB Werkdruck, 445 Gräfenhainichen · 3362
Bestellnummer: 2141/18

Inhaltsverzeichnis

Autorenverzeichnis

Sachverzeichnis

Bei Fragen zur Produktsicherheit wenden Sie sich bitte an:
If you have any questions regarding product safety,
please contact:

Walter de Gruyter GmbH
Genthiner Straße 13
10785 Berlin
productsafety@degruyterbrill.com